电脑硬角色

电脑选购、组装 维护与应用

硬角色工作室 编著

最新版

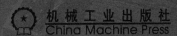

机械工业出版社
China Machine Press

你想全面了解电脑内部、外部的结构，自己动手组装出一台既满足需要又符合预算的时尚电脑吗？本书从电脑市场最新技术切入，引领 DIY 新手逐步掌握计算机硬件规格特性、选购需要的设备、按合理的流程组装电脑、在装好的电脑上安装 Windows XP/Vista 操作系统和驱动程序、对电脑进行必要的维护，并学会使用各种外围设备，全方位吸取 DIY 精华，自行动手解决遇到的各种疑难问题。

本书内容全面、翔实。既讲述了现今使用广泛的 32 位系统电脑组装与维护，满足对电脑有一般需求的广大办公人员和家庭使用者的需要；也讲述了双核 64 位系统的组装与维护，满足对电脑有较高需求的游戏玩家和制图工作者的需要。

随书赠送多媒体学习光盘一张，专业讲师借助实物全程讲解演示电脑组装流程与方法，让您的学习过程像看电影一样轻松愉快！

图书在版编目（CIP）数据

电脑选购、组装维护与应用/硬角色工作室编著.-北京：机械工业出版社，2008.3

ISBN 978-7-111-23700-6

Ⅰ.电… Ⅱ.硬… Ⅲ.①电子计算机-选购　②电子计算机-组装　③电子计算机-维修
Ⅳ.TP3

中国版本图书馆 CIP 数据核字（2008）第 0313740 号

机械工业出版社（北京市西城区百万庄大街 22 号　　邮政编码 100037）
责任编辑：贾淑媛
北京科普瑞印刷有限责任公司印刷·新华书店北京发行所发行
2008 年 3 月第 1 版第 1 次印刷
184mm×260mm ·18.25 印张
标准书号：ISBN 978-7-111-23700-6
　　　　　　ISBN 978-7-89482-597-1（光盘）
定价：35.00 元（附光盘）

前　言

现在大概很少有人不使用电脑了，而你手边的电脑是如何来的？市面上各大商场、电子市场，甚至网络商店，随随便便就可以买到好用的品牌电脑，直接买回来直接使用，不是更快更方便吗？况且，组装电脑一定比品牌电脑便宜吗？

也许你曾经在操作电脑时有小小的抱怨：平时单纯做文字处理的人，会觉得当初买贵了，而且不太实用；而游戏玩家有可能觉得显卡的等级不够，画质不够细腻流畅；爱自己动手设计图像、绘制图案的人，电脑的内存却偏偏不够，启动一个大型程序要等上老半天，……如果你有上述种种问题，不如考虑自装电脑，至少也该弄懂如何安装必要的电脑组件，已备将来升级之用！

基于让有组装PC需求的人，在符合预算、个人使用需要的前提下，轻松达到组装电脑的考虑，本书从电脑市场切入，希望引领DIY新手逐步掌握硬件规格特性、合理的组装流程、操作系统和驱动程序的安装、基本的系统维护和外围设备的使用，全方位吸收DIY的精华要领，在整个流程中，完完全全可以自行动手解决问题。在全书架构安排方面，特规划为5大篇，其目的就是希望读者有一个循序渐进的阶段性的学习过程。

 ## 第1篇　DIY入门篇

首先让读者对DIY流程有一个初步印象与总体认识，当然也有必要认清楚电脑外部和内部结构与零部件的位置。

 ## 第2篇　计算机硬件剖析篇

彻底了解各种计算机硬件，如CPU、内存条、显卡、主板、硬盘、光驱等，为后续硬件购买、组装实战奠定基础。

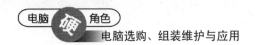

 第3篇 市场购买实战篇

如何把钱花在刀刃上，又可以买到价廉物美的好东西？说穿了，就是多问、多听、多学。

 第4篇 DIY完全组装电脑流程篇

提供详实图解，引导读者自己动手拆、装、拼、连，无痛苦打造自己的个人电脑。

 第5篇 系统安装、更新与维护篇

Windows Vista 是目前最时尚的PC操作系统，你当然不能落伍。本书让你了解安装操作系统、驱动程序的详细过程，让电脑的软硬件环境完美无瑕！使用电脑时注意散热、防病毒，方能让电脑常保安康！

现在社会讲究"速食主义"，一切以方便省事为第一要务，但你也可能发现有"手作主义"风气重生的迹象，饮食注重有机健康，古籍经典在现代商业社会渐渐抬头。那么买电脑呢？不要再让店家和电脑经销商决定你的需求，只要你肯迈出这一步，依循本书Step by Step的操作流程，即可重新体验DIY的乐趣，成为真正有实力的电脑硬角色！当然你也可以挑选有兴趣的章节阅读，加强实力，多了解必要的组装电脑的DIY知识。

目 录

前言

第1篇　DIY入门篇

第1章　初识计算机DIY流程 ······················· 2

1.1　计算机DIY准备工作 ·························· 2
1.2　计算机的组成 ······························· 4
1.3　确认计算机配置 ····························· 5
1.4　动手DIY计算机 ····························· 6
1.5　安装操作系统 ······························· 7
1.6　更新硬件驱动程序 ··························· 7
1.7　安装杀毒软件 ······························· 7
1.8　更新操作系统 ······························· 8
1.9　安装应用软件 ······························· 9

第2章　初识计算机外部和内部结构 ··············· 10

2.1　初步认识计算机设备 ························· 10
2.2　认识主机内部硬件 ··························· 10

第2篇　计算机硬件剖析篇

第3章　中央处理器——CPU ····················· 14

3.1　从外观认识CPU ····························· 14
3.2　Intel Pentium与Celeron系列 ·················· 16
　　3.2.1　Pentium 4系列回顾 ····················· 16
　　3.2.2　LGA775——第五代Pentium 4/Pentium D是现在的主流产品 ········· 17
　　3.2.3　双核处理器——Conroe 2与Pentium D ······ 19
　　3.2.4　Celeron D系列回顾 ····················· 21
　　3.2.5　新主流的"扣肉"大餐 ·················· 21
3.3　AMD Athlon 64与AMD Sempron系列 ··········· 22
　　3.3.1　打下一片江山的功臣——K7处理器 ········· 22

　　　3.3.2　Athlon 64处理器——兼容32/64操作系统环境的Athlon 64位处理器 ⋯⋯ 23
　　　3.3.3　双核的Athlon 64处理器 ⋯⋯⋯⋯⋯⋯⋯⋯⋯⋯⋯⋯⋯⋯⋯⋯⋯⋯⋯ 23
　　3.4　CPU的规格与技术指标 ⋯⋯⋯⋯⋯⋯⋯⋯⋯⋯⋯⋯⋯⋯⋯⋯⋯⋯⋯⋯⋯ 25

第4章　内存条——RAM ⋯⋯⋯⋯⋯⋯⋯⋯⋯⋯⋯⋯⋯⋯⋯⋯⋯⋯⋯⋯⋯ 28
　　4.1　认识内存条外观 ⋯⋯⋯⋯⋯⋯⋯⋯⋯⋯⋯⋯⋯⋯⋯⋯⋯⋯⋯⋯⋯⋯⋯ 28
　　4.2　内存条概述 ⋯⋯⋯⋯⋯⋯⋯⋯⋯⋯⋯⋯⋯⋯⋯⋯⋯⋯⋯⋯⋯⋯⋯⋯ 30
　　4.3　主流内存条——DDR/DDR2 ⋯⋯⋯⋯⋯⋯⋯⋯⋯⋯⋯⋯⋯⋯⋯⋯⋯ 30
　　4.4　RAM标准与规格 ⋯⋯⋯⋯⋯⋯⋯⋯⋯⋯⋯⋯⋯⋯⋯⋯⋯⋯⋯⋯⋯ 33

第5章　PCI-E/AGP显卡 ⋯⋯⋯⋯⋯⋯⋯⋯⋯⋯⋯⋯⋯⋯⋯⋯⋯⋯⋯⋯ 36
　　5.1　从外观认识显卡 ⋯⋯⋯⋯⋯⋯⋯⋯⋯⋯⋯⋯⋯⋯⋯⋯⋯⋯⋯⋯⋯⋯ 36
　　5.2　显卡的作用 ⋯⋯⋯⋯⋯⋯⋯⋯⋯⋯⋯⋯⋯⋯⋯⋯⋯⋯⋯⋯⋯⋯⋯ 38
　　5.3　如何选购显卡 ⋯⋯⋯⋯⋯⋯⋯⋯⋯⋯⋯⋯⋯⋯⋯⋯⋯⋯⋯⋯⋯⋯ 38
　　　5.3.1　显卡的类型 ⋯⋯⋯⋯⋯⋯⋯⋯⋯⋯⋯⋯⋯⋯⋯⋯⋯⋯⋯⋯⋯ 38
　　　5.3.2　如何快速判断主板是否有内置显卡 ⋯⋯⋯⋯⋯⋯⋯⋯⋯⋯⋯⋯ 39
　　　5.3.3　选择独立显卡的注意事项 ⋯⋯⋯⋯⋯⋯⋯⋯⋯⋯⋯⋯⋯⋯⋯ 39
　　5.4　主流显卡芯片——ATI、nVIDIA ⋯⋯⋯⋯⋯⋯⋯⋯⋯⋯⋯⋯⋯⋯ 41
　　　5.4.1　nVIDIA——GeForce6/7/8系列芯片组特性 ⋯⋯⋯⋯⋯⋯⋯⋯ 41
　　　5.4.2　ATI Radeon系列芯片组特性 ⋯⋯⋯⋯⋯⋯⋯⋯⋯⋯⋯⋯⋯⋯ 44
　　5.5　显卡规格与技术指标 ⋯⋯⋯⋯⋯⋯⋯⋯⋯⋯⋯⋯⋯⋯⋯⋯⋯⋯⋯ 46

第6章　主板 ⋯⋯⋯⋯⋯⋯⋯⋯⋯⋯⋯⋯⋯⋯⋯⋯⋯⋯⋯⋯⋯⋯⋯⋯ 49
　　6.1　从外观认识主板 ⋯⋯⋯⋯⋯⋯⋯⋯⋯⋯⋯⋯⋯⋯⋯⋯⋯⋯⋯⋯⋯ 49
　　6.2　主板规格详解 ⋯⋯⋯⋯⋯⋯⋯⋯⋯⋯⋯⋯⋯⋯⋯⋯⋯⋯⋯⋯⋯⋯ 51
　　　6.2.1　芯片组 ⋯⋯⋯⋯⋯⋯⋯⋯⋯⋯⋯⋯⋯⋯⋯⋯⋯⋯⋯⋯⋯⋯ 52
　　　6.2.2　CPU插槽 ⋯⋯⋯⋯⋯⋯⋯⋯⋯⋯⋯⋯⋯⋯⋯⋯⋯⋯⋯⋯⋯ 53
　　　6.2.3　内存条插槽 ⋯⋯⋯⋯⋯⋯⋯⋯⋯⋯⋯⋯⋯⋯⋯⋯⋯⋯⋯⋯⋯ 54
　　　6.2.4　显卡插槽——PCI-E与AGP ⋯⋯⋯⋯⋯⋯⋯⋯⋯⋯⋯⋯⋯⋯ 55
　　　6.2.5　SATA硬盘插槽——Serial ATA ⋯⋯⋯⋯⋯⋯⋯⋯⋯⋯⋯⋯⋯ 56
　　　6.2.6　PATA硬盘插槽（IDE）与软驱插槽（FDD） ⋯⋯⋯⋯⋯⋯⋯ 57
　　　6.2.7　电源插槽 ⋯⋯⋯⋯⋯⋯⋯⋯⋯⋯⋯⋯⋯⋯⋯⋯⋯⋯⋯⋯⋯⋯ 58
　　　6.2.8　风扇插槽 ⋯⋯⋯⋯⋯⋯⋯⋯⋯⋯⋯⋯⋯⋯⋯⋯⋯⋯⋯⋯⋯⋯ 59
　　　6.2.9　机箱面板插槽 ⋯⋯⋯⋯⋯⋯⋯⋯⋯⋯⋯⋯⋯⋯⋯⋯⋯⋯⋯⋯ 59
　　　6.2.10　BIOS芯片 ⋯⋯⋯⋯⋯⋯⋯⋯⋯⋯⋯⋯⋯⋯⋯⋯⋯⋯⋯⋯⋯ 61
　　　6.2.11　CMOS电池 ⋯⋯⋯⋯⋯⋯⋯⋯⋯⋯⋯⋯⋯⋯⋯⋯⋯⋯⋯⋯⋯ 61
　　6.3　主板、芯片组综述 ⋯⋯⋯⋯⋯⋯⋯⋯⋯⋯⋯⋯⋯⋯⋯⋯⋯⋯⋯⋯ 62
　　　6.3.1　LGA775专用芯片组 ⋯⋯⋯⋯⋯⋯⋯⋯⋯⋯⋯⋯⋯⋯⋯⋯⋯ 62

6.3.2　AMD K8系列芯片组——64位平台芯片组 ······· 67

第7章　硬盘与软驱 ······· 71

7.1　从外观认识硬盘 ······· 71
7.2　硬盘的规格 ······· 75
7.3　PATA硬盘——储存设备的明日黄花 ······· 77
7.4　SATA硬盘——PC储存介质的主流 ······· 78
7.5　软驱——无法告别的情结 ······· 78
7.6　移动硬盘——DIY的新主张 ······· 79
7.7　存储卡——出外旅游好伙伴 ······· 79

第8章　光驱与刻录机 ······· 81

8.1　只读光驱与刻录机简介 ······· 81
8.2　主流的DVD刻录机 ······· 84
8.3　光驱的规格与功能 ······· 86

第9章　CRT/LCD显示器 ······· 90

9.1　从外观认识CRT/LCD显示器 ······· 90
9.2　如何判断CRT/LCD显示器尺寸 ······· 93
9.3　CRT/LCD显示器的选购原则 ······· 94
9.3.1　选购LCD显示器 ······· 94
9.3.2　选购CRT显示器 ······· 98

第10章　键盘与鼠标 ······· 100

10.1　键盘——基本输入工具 ······· 100
10.2　鼠标——图形接口控制器 ······· 102

第11章　音箱、麦克风、摄像头 ······· 105

11.1　全能歌手——音箱 ······· 105
11.2　忠实的听众——麦克风 ······· 108
11.3　面对面的交流——摄像头 ······· 108
11.4　免费打电话——Skype的电话机 ······· 109

第12章　电源与机箱 ······· 110

12.1　认识机箱 ······· 110
12.2　选择强有力的电源 ······· 114

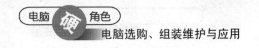

第3篇　市场购买实战篇

第13章　硬件选购指南 …………………………………………… 118

13.1　32位或64位计算机 ……………………………………… 118

13.2　Intel平台或AMD平台 …………………………………… 119

13.3　CPU风扇的选购 ………………………………………… 119

13.4　主板的选购 ……………………………………………… 120

13.5　硬盘的选购 ……………………………………………… 121

13.6　内存条的选购 …………………………………………… 122

13.7　显卡的选购 ……………………………………………… 123

13.8　光驱的选购 ……………………………………………… 124

13.9　LCD/CRT显示器的选购 ………………………………… 125

13.10　电源与机箱的选购 ……………………………………… 126

13.11　键盘/鼠标的选购 ……………………………………… 128

13.12　音箱、麦克风、摄像头的选购 ………………………… 129

13.13　换货与保修 …………………………………………… 130

第4篇　计算机DIY完全组装流程篇

第14章　组装过程概述 …………………………………………… 134

14.1　准备组装工具 …………………………………………… 134

14.2　了解DIY组装流程 ……………………………………… 135

第15章　打开机箱侧板准备安装 ………………………………… 136

15.1　打开机箱侧板的注意事项 ……………………………… 136

15.2　打开机箱侧板流程 ……………………………………… 136

第16章　将CPU和风扇安装到主板上 …………………………… 138

16.1　安装CPU需要了解的问题 ……………………………… 138

16.2　CPU安装流程 …………………………………………… 139

16.3　安装CPU风扇需要了解的问题 ………………………… 140

16.4　CPU风扇安装流程 ……………………………………… 141

第17章　将内存条安装到主板上 ………………………………… 143

17.1　安装内存条的注意事项 ………………………………… 143

17.2　内存条安装流程 ………………………………………… 144

17.3　双通道内存条安装方法 ………………………………… 145

第18章 将电源安装到机箱内 ·································· **146**

18.1 安装电源的注意事项 ····························· 146

18.2 电源安装流程 ································· 146

第19章 将主板安装到机箱内 ·································· **148**

19.1 安装主板的注意事项 ····························· 148

19.2 主板安装流程 ································· 149

第20章 将光驱安装到机箱内 ·································· **151**

20.1 安装光驱的注意事项 ····························· 151

20.2 光驱安装流程 ································· 152

第21章 将软驱安装到机箱内 ·································· **154**

21.1 安装软驱的注意事项 ····························· 154

21.2 软驱安装流程 ································· 155

第22章 将硬盘安装到机箱内 ·································· **156**

22.1 安装硬盘的注意事项 ····························· 156

22.2 IDE硬盘安装流程 ······························ 157

第23章 将电源线、机箱数据线接在主板上 ·················· **158**

23.1 连接数据线的流程 ······························ 158

23.2 安装电源线的注意事项 ························· 160

23.3 电源线安装流程 ······························· 161

23.4 安装机箱数据线的注意事项 ···················· 162

第24章 将显卡安装到主板上 ·································· **164**

24.1 安装显卡的注意事项 ····························· 164

24.2 AGP显卡安装流程 ····························· 164

24.3 PCI-E显卡安装流程 ··························· 165

第25章 将网卡安装到主板上 ·································· **167**

25.1 安装网卡的注意事项 ····························· 167

25.2 网卡安装流程 ································· 167

第26章 装回机箱侧板，连接键盘和鼠标 ···················· **169**

26.1 安装机箱侧板的注意事项 ······················ 169

26.2 机箱侧板安装流程 ······························ 170

26.3 安装键盘与鼠标的注意事项 ·· 170

26.4 PS/2键盘与鼠标安装流程 ·· 171

26.5 USB键盘与鼠标安装流程 ·· 172

第27章 将显示器数据线装到机箱背板 ·· **173**

27.1 安装显示器数据线的注意事项 ·· 173

27.2 显示器数据线安装流程 ·· 174

27.3 连接机箱电源线与显示器电源线 ·· 174

第28章 安装其他外围设备与故障排除 ·· **175**

28.1 安装音箱、麦克风、摄像头 ·· 175

28.2 通过开机声音判断开机自我检测过程 ·· 176

28.3 开机后计算机无法运行 ·· 176

28.4 开机后显示器不亮 ·· 177

28.5 开机后计算机哔哔叫 ·· 178

第29章 硬件系统初始化设置 ·· **182**

29.1 了解BIOS ·· 182

29.2 设置系统时间 ·· 184

29.3 设置主要开机装置 ·· 184

29.4 启动Intel CPU的过热降频功能 ·· 185

第5篇 系统安装、更新与维护篇

第30章 安装Windows Vista操作系统 ·· **188**

30.1 安装前的准备 ·· 188

30.1.1 准备Windows Vista安装光盘 ·· 188

30.1.2 检查计算机的硬件配备 ·· 188

30.2 Windows Vista安装流程 ·· 189

第31章 更新驱动程序 ·· **193**

31.1 了解驱动程序 ·· 193

31.2 获取驱动程序 ·· 194

31.3 安装驱动程序 ·· 194

第32章 安装杀毒软件 ·· **197**

32.1 为何要安装杀毒软件 ·· 197

32.2　主流杀毒软件概述 ……………………………………… 197

32.3　安装杀毒软件步骤 ……………………………………… 197

第33章　更新操作系统 …………………………………… 202

33.1　为何要更新操作系统 …………………………………… 202

33.2　更新操作系统步骤 ……………………………………… 202

第34章　计算机硬件检测 ………………………………… 206

34.1　检测CPU真伪 …………………………………………… 206

34.2　检测LCD亮点、暗点、坏点 …………………………… 209

34.3　检测内存条类型 ………………………………………… 211

34.4　检测硬盘与高速缓存 …………………………………… 213

34.5　检测显卡芯片组与显卡内存 …………………………… 215

34.6　系统效率测试 …………………………………………… 216

第35章　64位系统的架设与安装 ………………………… 219

35.1　认识与准备 ……………………………………………… 219

35.2　安装全新的64位计算机 ………………………………… 219

35.3　安装64位操作系统 ……………………………………… 220

第36章　硬件基本维护 …………………………………… 227

36.1　主机散热问题 …………………………………………… 227

　　36.1.1　主机热量的来源 ………………………………… 227

　　36.1.2　如何帮主机散热 ………………………………… 228

36.2　理想的工作环境 ………………………………………… 229

36.3　良好的使用习惯 ………………………………………… 230

第37章　软件基本维护 …………………………………… 233

37.1　操作系统启动优化 ……………………………………… 233

　　37.1.1　取消启动程序项目 ……………………………… 234

　　37.1.2　设置登录与退出系统等待时间 ………………… 236

　　37.1.3　加快功能菜单的显示速度 ……………………… 238

　　37.1.4　设置显示操作系统清单的时间 ………………… 240

37.2　操作系统安全防护设置 ………………………………… 242

　　37.2.1　一些必要的基本概念 …………………………… 242

　　37.2.2　了解Windows Vista中的防火墙 ………………… 243

　　37.2.3　添加和移除例外程序 …………………………… 246

　　37.2.4　阻止例外项 ……………………………………… 250

37.2.5　了解Windows Defender的扫描方式 ·············· 251

37.2.6　其他杀毒软件的扫描方式 ··························· 255

37.3　软件卸载方法 ··· 256

第38章　系统备份与还原 ······························· 259

38.1　系统工具备份与还原 ······························· 259

38.2　Ghost备份与还原 ·································· 263

38.2.1　Ghost概述 ·································· 263

38.2.2　Ghost的应用 ································· 264

第39章　DIY大补丸 ····································· 268

39.1　产品附件CD有什么用处 ···················· 268

39.2　如何安装附件CD ································ 268

39.3　硬件购买清单比较 ································ 269

39.3.1　经济实惠的主机配置清单 ················ 270

39.3.2　全功能主机配置清单 ···················· 270

39.3.3　顶级配置游戏机清单 ···················· 272

39.4　计算机外接设备概览 ···························· 273

39.4.1　U盘/移动硬盘 ···························· 273

39.4.2　数码相机与储存装置 ···················· 273

39.4.3　打印机 ···································· 276

39.4.4　无线网卡 ·································· 277

39.5　计算机中常需要安装哪些软件 ·················· 277

39.5.1　常用软件分类 ···························· 277

39.5.2　常用软件下载与安装 ···················· 279

第**1**篇

DIY入门篇

- 初识计算机DIY 流程
- 认识计算机外部和内部结构

第 1 章

01 初识计算机DIY流程

随着计算机知识的普及，精明的消费者将目光转向DIY（Do It Yourself），但是如何自已组装一台满意超值的个人计算机呢？很多人会因为从来没有接触过这样的组装而迟疑不决。其实，DIY可以在满足预算的大前提下，完全按照使用需求来配置硬件，同时亲身体验到一种成就感。希望尝试DIY的乐趣吗？或许你对计算机DIY还不甚了解，尤其各种技术规格、专业名词会令你头大，就让本书为你拨开重重迷雾。

1.1 计算机DIY准备工作

在DIY组装计算机之前，首先要反问自己一些问题，以理清定位。

- 我需要用计算机做什么？
- 依据我的用途，我需要一台何种类型的计算机？
- 计算机DIY的整个流程是什么？
- 目前市场上主流的计算机配置是什么？
- 主流计算机产品的价位如何？
- 需要了解哪些计算机知识？
- 需要参考哪些额外相关资料？
- 计算机DIY会不会很难？

如果对上述这些问题已有了初步的认识和答案，即可放心大胆的开始DIY组装计算机！倘若脑中仍然一片空白或者概念模糊，不妨往下看看，让我们为你指点迷津。

问：我需要用计算机做什么？

答： 个人计算机目前大概可以为文字处理、上网、玩游戏、图像设计、编写程序等应用范围，而你决定选择哪一种用途呢？

问：依据我的用途，我需要一台何种类型的计算机？

答： 如果作文字处理的用途，那么可依据应用领域配置不同硬件配置的计算机。以运行办公自动化软件为主如Office，无需配置较高等级的计算机，购买Intel Celeron D系列、AMD Sempron系列CPU的计算机配置即可，例如：AMD Sempron 2800+。至于打算升级微软最新操作系统Windows Vista或者有图形设计需要，则应该配置主频较高和内存容量较大的计算机，专业的图形工作站是不错的选择，但价格偏高，但不妨考虑现在市面上很流行、很热门的双核心CPU技术，例如Intel Conroe（Core 2 Duo）系列、AMD Athlon 64 X2系列；预算稍低一点的人，不妨考虑Pentium D系列、AMD Athlon 64系列CPU的计算机配置。

　　如果只是简单的上网聊天、听音乐、看DVD电影等，那么Intel Celeron D系列、AMD Sempron系列的配置就能满足需求。

　　如果喜欢上网玩Game，建议配置Intel Pentium D系列、AMD Athlon 64系列以上的计算机，因为游戏需要大量的内存、浮点运算及高性能的显卡。

AMD Athlon 64X2系列

Intel Core 2 Duo系列

AMD Sempron系列

Intel Celeron D系列

Intel Pentium D系列

AMD Athlon 64系列

问：计算机DIY的整个流程是什么？

答：组装一台计算机，虽然没有一定的标准答案，但是可以依照以下流程进行。

传统DIY计算机的工作流程

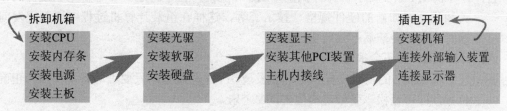
改善后的DIY流程

问：目前市场上主流的计算机配置是什么？

答：目前PC市场的主流计算机配置高级方面为Intel Conroe（Core 2 Duo）系列、AMD Athlon 64X2系列；中级的Intel Pentium D系列、AMD Athlon 64系列；低级方面为Intel Celeron D与AMD AM2 Sempron单核系列。

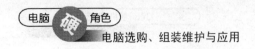

问： 主流计算机产品的价位如何？

答： 由于计算机硬件的更新速度非常快，在短期内可能一些原本价位很高的计算机硬件，因为新产品推出而立刻大幅降价，因此很难准确评估一台主流计算机产品的价位。除了勤跑市场打听价格，上网查看市场行情也很重要，例如中关村在线网站（http://www.zol.com.cn/），详细介绍各种计算机硬件的参考价格。

中关村在线网站

问： 需要了解哪些计算机知识？

答： 除了熟悉计算机DIY流程，还同时必须了解计算机硬件的相关参数、比较不同硬件之间的差异、硬件之间搭配的合理性。因为DIY不只是单纯的针对计算机，DIY一词本来是一个概念，凡是自己动手亲自操作的东西都可称之为DIY。因此软件安装、维护也属于计算机DIY的一部分，这方面的知识也不能忽略。

问： 需要额外参考哪些相关资料？

答： 计算机DIY除了要了解计算机基本的DIY流程，在平时还要多了解电脑硬件的相关知识，例如新的硬件规格、技术等等，这样在组装计算机过程中遇到突发问题时，才不会茫然不知所措。

问： 计算机DIY会不会很难？

答： 只要依照本书的说明来操作，你会发现DIY并非难事，只要细心将硬件插入正确位置，即可轻松享受妙趣横生的DIY之乐。

1.2 计算机的组成

在着手进行DIY之前，最起码要知道：一部多媒体计算机是由哪些硬件构成的。我们可以大致将它分为主机和外接设备两大部分。

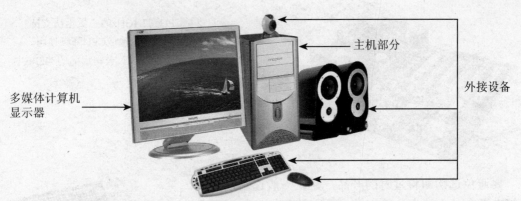

主机部分

多媒体计算机
显示器

外接设备

这里只是做简单的介绍，先让读者有一个概念而已。本书第2章会详细介绍各种计算机硬件，到时您会把计算机的里里外外都看透！

1.3 确认计算机配置

在大致看清楚计算机的长相和两大组成部分之后，接着需要确认计算机的硬件配置，无论用途是办公文字处理、玩游戏，或影视娱乐，市场上都可以找到符合需求的计算机配置。但是在正式购买之前最好了解一些相关知识。

- 硬件的功能、特征以及规格等。
- 硬件之间的搭配是否合理。
- 硬件是否为目前主流产品，是否为即将更新换代的末代产品。
- 硬件厂家的相关信息。

充分掌握硬件的功能、特征与规格，在购买时就可以直接锁定某种硬件类型，将每分钱花都在刀刃上。例如CPU，首先选择CPU的生产厂家，同时弄清楚CPU的主频是多少。因为同一厂家的CPU也有不同的工作频率，工作频率高的CPU能胜任更复杂的计算，但价格也相对贵一些。

主频高的CPU，其价格较贵

硬件之间搭配是否合理决定了计算机的整体性能，如果预先选购高主频的CPU，但是主板却无法支持该主频的CPU，将导致CPU自动降频以适应主板的工作频率，这样不但花了冤枉钱，计算机效率也无法达到自己的要求，就亏大喽！

只支持CPU到2.4GHz的主板无法支持2.66GHz的CPU，造成CPU降频使用。此图为微星（MSI）公司出品的845PE主板

要避免选购即将过时的产品，建议一般选用以后一两年内不会马上被淘汰的产品，否则随着软件的更新改版，你很快就会发现新版的应用软件无法在计算机上顺畅的运行，因为这些软件会要求更高的硬件配备，即便可以正常安装这些软件，计算机运行的效率也会大打折扣。

即将退出市场的Intel Pentium 4 631

现在市面上的计算机硬件五花八门，各厂家旗下的产品也琳琅满目，而且不断推陈出新，让人目不暇接，真不知道该如何选择才好。这里有一个通用的实战守则：从产品的购买到售后服务支持，大品牌永远比小品牌更有保障。这句话的意思是说购买某种硬件的同时一定要清楚掌握该产品制造厂家的信息，包括品牌口碑、售后保修、技术支持等。否则把产品买回家之后，不久却发现这家厂家倒闭了，根本得不到承诺的售后服务，岂不冤枉至极！

1.4 动手DIY计算机

如果您想自己动手组装一台计算机，首先就要根据计算机的使用范围来判断一下您需要什么样的配置，然后再到各计算机市场去了解一下电脑硬件的价格、品牌、性能以及售后服务等等。为了买到物美价廉的硬件及外围设备，一定要多走几家市场。不是有句俗话说："货比三家不吃亏"吗？因为即便相同的产品，各大商家的实际零售价格也不会完全相同。在问价的过程中，一定还要看清楚商家给您的商品和清单上写的型号是否完全一致，有可能只是一个英文字母的不同，在性能和价格上就有天壤之别。

硬件都购买完毕了，那就开始动手组装计算机吧！虽然DIY计算机不算什么天大的难事，但这些硬件都属于非常精密的电子零件，如果对安装流程还不够了解或是自认为准备尚不充分，那么建议您先熟读本书后面的安装知识吧！否则，即便能够顺利安装，也难保不会弄得狼狈不堪。到最后若发现安装步骤错误，还需要拆卸下来重装，稍不留意还会将硬件弄坏，这恐怕得不偿失！

对DIY过程感到一丝丝恐惧吗？甭担心，只要按照本书第四篇的操作方法，照葫芦画瓢就能完美地组装出一台计算机，这并不像想象中那么难！而且在第四篇有详细的图文解说，主题分类详实、内容广泛，绝对让你把DIY流程看得一清二楚。在装机的过程中，有时也要根据实际的情况来调整装机的流程，不要被流程所束缚。熟练了装机的过程，就可按自己最习惯的方式来进行操作，但是初学者最好还是严格按照流程来做。

1.5　安装操作系统

　　计算机硬件如果缺少操作系统就什么事都做不了，如果把计算机比喻为人的躯干，操作系统就是人的灵魂，这样比喻一点也不为过。本书第五篇仍以目前比较热门的Windows Vista操作系统为例，一步一图地详细介绍安装过程，依照书中的操作说明即可安装成功。

新版Windows Vista操作系统

1.6　更新硬件驱动程序

　　信息时代的新产品更新速度惊人，号称"免安装硬件驱动程序"的Windows XP刚刚推出时，具有齐全的驱动程序，让系统的安装与运行更简单，减轻了用户的负担。但是随着信息产品的推陈出新，现在的Windows系统（包括现在刚推出不久的Windows Vista系统）难免也会遇到捉襟见肘的窘状，毕竟它无法完全收纳所有新产品的驱动程序。我们必须为不同的硬件安装专用的驱动程序才能发挥其作用，硬件驱动程序的安装方法自然也在本书介绍之列。

1.7　安装杀毒软件

　　计算机正常开机，操作系统也安装完成，是否急着上网呢？先别忙，建议先为自己的宝贝计算机配备防护工具，然后再上网才比较放心，因为目前来自网络的攻击随时随地都有可能光顾你刚装好的计算机。基于安全考虑，应当先安装杀毒软件，然后再享受上网的乐趣。

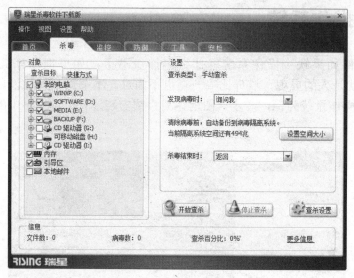

为计算机安装杀毒软件乃是必备步骤

1.8 更新操作系统

现在可以放松心情上网了，不过上网后的首要任务是更新操作系统。也许有人要问："为何非要更新系统呢？前面不是已经安装了防毒软件吗？"其实，操作系统本身有很多的漏洞，尤其Windows操作系统，已成为各方黑客、病毒、蠕虫攻击的头号目标。这些漏洞多是由于编写系统的程序设计人员所造成，而且无法避免。通常系统提供商会推出一些软件更新程序，供用户下载。杀毒软件虽然具有一定的防毒功能，但是只针对已知病毒，对于利用系统漏洞入侵的蠕虫、病毒或木马，杀毒软件则不能保证完全有效，唯有更新系统彻底修复漏洞才是长治久安之道。

本书全程图解操作系统更新过程

1.9　安装应用软件

前面的操作都完成后就可以安心的上网了，这时可依照自己的使用要求与喜好，下载并安装各种应用软件，如：Winamp、Real Player、WinRAR等。

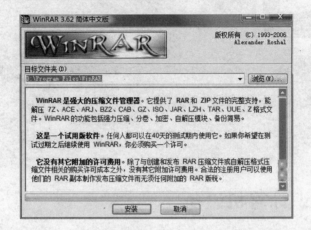

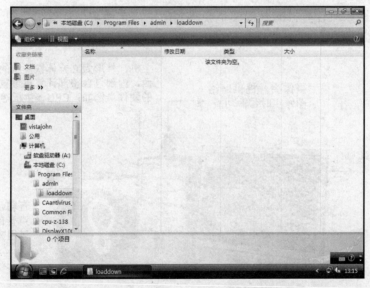

本书将会全程图解常见应用软件的安装与解压缩等方法

第2章

02 认识计算机外部和内部结构

在正式动手组装计算机之前，也许有不少人对计算机的主要外部和内部设备一知半解，造成DIY过程不顺利。本章先图解介绍计算机外接设备及主机内部硬件，帮助读者形成大概的印象，尤其是主板各种连接端口的名称与具体位置。这是计算机DIY不可或缺的重要环节。

2.1 初步认识计算机设备

相信大多数人对计算机的外观都不会感到陌生，它通常由计算机主机、显示器、音箱、鼠标、键盘等组成。

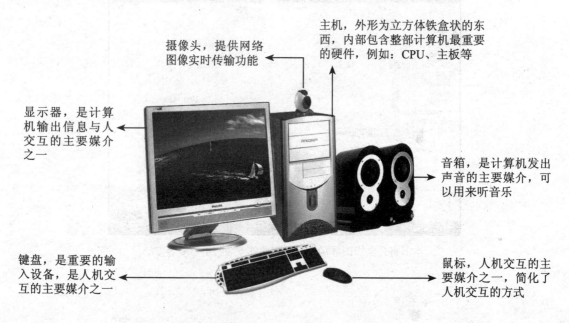

摄像头，提供网络图像实时传输功能

主机，外形为立方体铁盒状的东西，内部包含整部计算机最重要的硬件，例如：CPU、主板等

显示器，是计算机输出信息与人交互的主要媒介之一

音箱，是计算机发出声音的主要媒介，可以用来听音乐

键盘，是重要的输入设备，是人机交互的主要媒介之一

鼠标，人机交互的主要媒介之一，简化了人机交互的方式

2.2 认识主机内部硬件

主机内部容纳计算机最重要的硬件，那究竟有哪些硬件呢？下面首先看看主机机箱面板的构成。

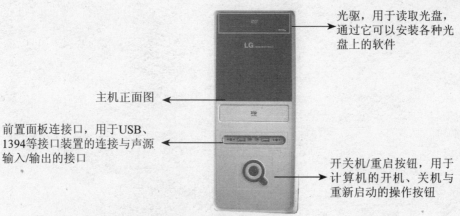

光驱，用于读取光盘，通过它可以安装各种光盘上的软件

主机正面图

前置面板连接口，用于USB、1394等接口装置的连接与声源输入/输出的接口

开关机/重启按钮，用于计算机的开机、关机与重新启动的操作按钮

下面来检查主机内部的结构。

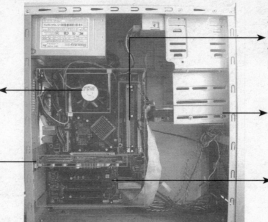

内存条，是负责数据暂存与交换的临时储存空间，运行速度比硬盘快，是速度仅次于CPU的计算机硬件

CPU，也称为中央处理器，由控制器和运算器组成，是计算机的控制与数据处理的中心

硬盘，负责最终数据的储存，容量以GB计算

显卡，提供图像输出的功能，通过显卡将处理的信息转换为图像信号输出至显示器

主板，将所有电脑硬件集成在一起，提供控制、传输与连接的功能

计算机外部设备大多都是连接在主机背面上，下图为主机背面的结构。

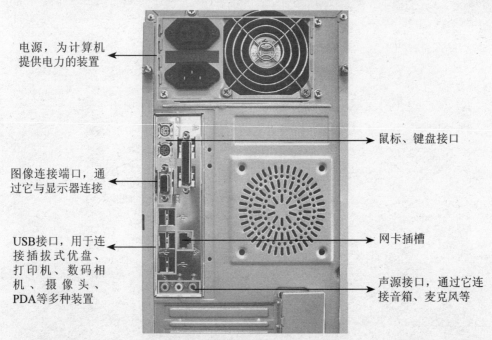

电源，为计算机提供电力的装置

鼠标、键盘接口

图像连接端口，通过它与显示器连接

USB接口，用于连接插拔式优盘、打印机、数码相机、摄像头、PDA等多种装置

网卡插槽

声源接口，通过它连接音箱、麦克风等

第2篇

计算机硬件剖析篇

- 中央处理器——CPU
- 内存条——RAM
- PCI-E/AGP显卡
- 主板
- 硬盘与软驱
- 光驱与刻录机
- CRT/LCD显示器
- 键盘与鼠标
- 音箱、麦克风、摄像头
- 电源与机箱

第3章

03 中央处理器——CPU

从本章开始，带领您逐步深入认识各种计算机硬件，其中最重要的要属CPU。CPU是Central Processing Unit（中央处理单元）的缩写，它是计算机的核心，相当于人的大脑，负责数据的算术运算、逻辑运算、资源控制、外接设备的统一调配，但它却是最小的计算机硬件。下面将从CPU外观、主流CPU的类型以及一些基本规格与技术等方面进一步认识CPU。

3.1 从外观认识CPU

虽然现在可以通过网上商店购买硬件，但仍有必要到各大电脑市场走一趟，实地观察计算机硬件的外观，打听一下行情。那么如何通过外观辨别计算机硬件呢？本节将说明辨别CPU的方法。

1. 盒装CPU外观

盒装CPU在出厂前都经过严格的测试，能保证CPU的稳定运行，由于多了这道手续，盒装CPU比散装CPU的价格要贵一些。不过这是值得的，因为通常盒装CPU的保修期为三年，而散装CPU的保修期为一年，因此盒装CPU比散装CPU具有更好的质量保障。

盒装的AMD CPU

盒装的Intel CPU

2. 认识CPU外观

近看CPU，会发现它形状近似正方形，是一面由金属硬壳构成，另一面连结着许多针脚的扁平物体。

CPU正面图   CPU背面图

3. CPU在机箱内部的位置

打开主机机箱，我们会发现CPU通常都位于主板上，其上有风扇。从外面很难查看到它的长相。

为了加强散热，
CPU必须配备风扇

CPU在计算机中处于至关重要的地位，它甚至有左右所有外接设备发展与更新的影响力，一旦掌握此项技术，就可以主导整个计算机信息产业的发展趋势。鉴于目前IT市场仍然是以Intel（英特尔）和AMD（超微）两家产品为主流，接下来将重点介绍这两个厂家的产品。处理器领域的龙头Intel与AMD两者的竞争加速了PC的普及，同时也打破了摩尔定律。

处理器领域的龙头
Intel与AMD的标志

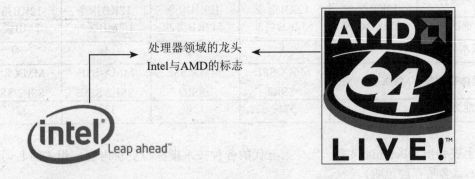

1965年由Intel共同创办人戈登·摩尔（Gordon Moore）提出的摩尔定律（Moore'sLaw）大意是：芯片上的晶体管数量每18个月增加一倍。Intel依照此定律，不断推出集成度更高、速度更快的芯片。但由于遭遇频率提高的瓶颈危机，AMD和Intel被迫在不增加芯片组的情况下，改为发展多核与64位处理器。

3.2 Intel Pentium与Celeron系列

一提到Intel（英特尔），接触过计算机的人恐怕没有人不知道，至今它旗下的主打产品仍然主宰PC市场。市场上曾经风光一时的Pentium 4（奔腾）和已经成为新主流的双核CPU（如Pentium D系列和Core 2系列）处理器是高端产品的首选。Celeron D系列则成为中低端用户的首选。

3.2.1 Pentium 4系列回顾

目前CPU市场的主流产品仍是Intel的Pentium 4系列，Intel自推出Pentium 4系列CPU以来已经做了多项调整，从早期以Willamette为核心的第一代Pentium 4到如今以Prescott为核心的第四代Pentium 4，工作频率、制程、高速缓存、指令集等都发生了重大变化。

下表说明Pentium 4系列在演变过程中各代产品的各项重要技术指标。

CPU	P4第一代	P4第二代	P4第三代	P4第四代	P4第五代
核心代号	Willamette 核心	Northwood 核心	Northwood HT 核心	Prescott 核心	Cedar Mill 核心
频率（GHz）	1.3～2.0	1.4～2.8	2.66～3.2	2.8～3.8	2.8～3.8
制程（nm）	180	130	130	90	65
系统总线频宽（MHz）	400	400/533	533/800	800/1066	800
L1高速缓存	8KB数据 12KB指令	8KB数据 12KB指令	8KB数据 12KB指令	16KB数据 12KB指令	16KB数据 12KB指令
L2高速缓存	256KB缓冲	512KB缓冲	512KB缓冲	1/2MB缓冲	2MB缓冲
HT技术	无	无	无	有	有
多媒体指令集	MMX/SSE/SE2	MMX/SSE /SSE2	MMX/SSE /SSE2	MMX/SSE/ SSE2/SSE3	MMX/SSE/ SSE2/SSE3
运算能力	32位	32位	32位	32位	32位

上表列出了Pentium 4第一代～第五代的各种技术指标与更新内容，相关的名词术语将在本章各节详细说明。

相信许多人去购买CPU时都会感到一头雾水，看起来长相都差不多，它们有什么区别吗？

这两款不同时间推出的CPU很难从表面上看出差别

其实，如果仔细观察CPU的原厂包装盒，就不难看出有些什么差别。

从包装盒上即可
看出CPU类型

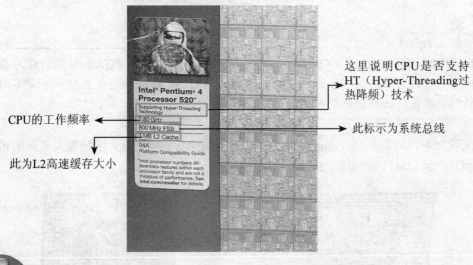

这里说明CPU是否支持
HT（Hyper-Threading过
热降频）技术

CPU的工作频率

此标示为系统总线

此为L2高速缓存大小

补充说明

HT是Hyper-Threading的缩写，译为过热降频。过热降频技术是利用特殊的硬件指令码，能将逻辑核心芯片虚拟成两个物理核心芯片，增加处理器的工作效率。

3.2.2 LGA775——第五代Pentium 4/Pentium D是现在的主流产品

进入90纳米技术时代后，Intel有感于对手AMD的不断严峻攻势，推出了全新采用Presscott核心的封装Pentium 4 第五代CPU。这标志着Intel CPU结构的一次大转变，因为全新CPU设计完全摒弃传统的主板结构，计算机周边硬件也随之全面更新换代，许多硬件

无法兼容这种新结构。

LGA775封装的新Pentium 4

FC-PGA2封装的旧P4E

又称为Socket T的LGA775（Land Grid Array），是英特尔公司最新规格的处理器结构，目的是取代Socket 478。它最大的不同点是接触点设在底板上，CPU本身没有针脚。该插座支持的CPU类型有Pentium 4、部分Prescott核心的Celeron（即Celeron D）与Conroe。

FC-PGA（Flip Chip Pin Grid Array）也称为mPGA（micro-PGA）封装，译为覆晶式针状矩阵。这种封装的CPU背面有针脚，以前的CPU都延续这种封装类型，只是不同时间推出的CPU封装的针脚数量不一样。

从背面看，可看到新Pentium 4的LGA 775封装由针脚（Pins）接触改为平坦的接触面（Land），但478针脚的旧版Pentium 4仍然为针脚（Pins）接触。

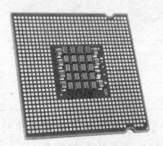

新版Pentium 4背面为平坦的接触面（Land）

旧版Pentium 4为针脚（Pins）接触面

双核其实是在一块CPU内集成两块物理核心的CPU。由于传统上为CPU集成更多的晶体管来提高CPU核心频率的摩尔定律，遭遇CPU性能提高的瓶颈问题，因此处理器厂家开始研发双核或多核的处理器，在不增加晶体管数量的前提下，采用多核封装的方式，

达到提高处理器的运行效率和降低温度的目标。

那么LGA775的Pentium 4与旧版478针脚P4E之间到底有什么差别呢？请参阅下表的比较说明：

CPU	P4E（FC-PAG2）	GA775 Pentium 4
针脚/触点	478	775
目前的频率（GHz）	2.4～3.4	2.8～3.8
主板基座	Socket478	Socket T
HT	支持	支持
搭配的主板芯片组类型	865/875系列	915/925/945/955系列

从上表不难看出二者的区别，其中关键点是两种CPU的针脚数以及支持的芯片组不同。即便是相同核心频率的CPU，采用的针脚数、支持的芯片组也不一定相同，也不能共享，效率也存在明显差别，价格差距也会非常大。

1. LGA775 CPU采用新的代号

由于以前AMD已经先推出64位的处理器，因此Intel也相继推出支持64位运算，名称为P4F的新款处理器，全名为Intel Pentium 4 Processor support Intel EM64T，属于全新的64位结构，以此抗衡AMD的Athlon 64处理器。

 注意事项

何谓EM64T？这个问题要从64位CPU谈起，其实EM64T是Extended Memory 64 Technology（64位内存延伸技术）的缩写。这种技术可确保在32位CPU内部形成64位处理能力。此结构是为了迎合目前的32位操作系统与32位应用程序的需要而设计的。

2. LGA775 CPU内置硬件病毒防护功能

由于对手AMD先一步推出CPU级的硬件病毒防护技术（能够在CPU内防范常见病毒的攻击），因此Intel也在LGA775结构下推出支持防毒功能P4J技术的处理器。但LGA775结构的处理器并不全都具备病毒防护功能，只有属于LGA775结构、只支持32位运算能力的CPU编号中如P4 530J等带有"J"字样的产品，才拥有防病毒功能，而64位处理器均有病毒防护功能。

 注意事项

什么是P4J技术？P4J技术是指内置在CPU的XD-Bit（Execute Disable Bit，防缓冲溢位）技术，这种技术可以防范病毒攻击，将病毒隔离在系统内存之外。这其实也是用来对抗AMD 64位处理器防病毒功能的一种利器。

3.2.3 双核处理器——Conroe 2与Pentium D

什么是双核处理器呢？双核处理器背后的概念内涵又是什么意义呢？简单来说，就是一块处理器上拥有两个相同功能的处理器核。多核处理器可以提供比以往更快、更强的运算能力。

双核处理器技术的引入是提高处理器性能的有效方法。因为处理器的实际性能是处理器在每个时钟周期内所能处理指令数的总量，因此增加一个核，处理器的每个时钟周期内可运行的单元数将增加一倍。在这里我们必须强调一点，如果想让系统达到最大效率，你必须充分利用两个内核中的所有可运算单元，即让所有运算单元都有工作可做。

1. Conroe 2双核处理器

Core 2 Duo属Conroe系列中的双核版本，也称E6000系列，到目前为止发布了六款，它们分别是：Core 2 Duo E6300、Core 2 Duo E6400、Core 2 Duo E6500、Core 2 Duo E6600、Core 2 Duo E6700、Core 2 Duo E6800。需要注意的是，在E6000系列中，英特尔再次采用二级缓存容量大小来定位产品，而由于二级缓存的不同，E6000系列中又分为两个核心版本：4MB L2对应Conroe核心和2MB L2对应Allendale核心。由于L2不同，两者所采用的二级缓存结构也有差异：Allendale采用的是全速8位64Bytes的方式实现，而Conroe核心则采用16位64Bytes。

Core 2 Duo E6300处理器，是英特尔"扣肉"家族中身价最低的一个型号，该处理器继续沿用LGA775接口，主频为1.866GHz；外频为266MHz，倍频为7x；一级缓存为32KBytes，二级缓存为2048KBytes；1066MHz前端总线支持MMX、SSE、SSE2、SSE3、SSE4（暂定）多媒体指令集。由于它的二级缓存容量仅为2MB，故核心代号并非"Conroe"而是"Allendale"。虽然作为Intel目前最低端Core 2 Duo处理器，E6300依然具备EM64T 64位运算指令集以及Virtualization（虚拟化）技术。

虽然等级最低，但E6300的性能非同小可。即便在默认频率下，E6300在运行SuperPi 1M的成绩仍然在30秒之内，性能非常强劲。而且E6300的超频性能非常不错，可以轻易突破3GHz，超频性能已经超过了E6700甚至是X6800。如果预算足够的话，选择一个大品牌的P965主板与其搭配将是非常不错的组合。不过惟一可惜的就是E6300只配备有2MB的二级缓存，这会对其性能造成一定的影响。

Core 2 Duo E6400/6500也属Core 2 Duo E6000系列中的初级产品，除了频率稍高外（频率分别提高到了2.13G、2.4Ghz），其他规格和E6300一样，同样的1066MHz FSB，2ML2缓存，频率提高到了2.13G。

Core 2 Duo E6600已经是中高端处理产品了，它采用全速16位64Bytes的方式实现，双核共享4096KB。主频为2.4GHz；外频为266MHz，倍频为9x；一级数据缓存为32KBytes，1066MHz前端总线，支持MMX、SSE、SSE2、SSE3、SSE4多媒体指令集。虽然频率较高，Core 2 Duo E6600的超频性能并不弱，不少都可以上400MHz外频，有的甚至可以突破4GHz的瓶颈，足可与顶级的X6800媲美。

Core 2 Extreme X6800属于当前Core 2 Duo的至尊版，它的L2缓存采用全速16位64Bytes的方式实现，双核共享4096KB，主频为2.93GHz，一级缓存为32KBytes，1066MHz前端总线，支持MMX、SSE、SSE2、SSE3、SSE4多媒体指令集。

2. Pentium D双核处理器

Pentium D处理器技术细节和目前的Prescott核心处理器一样使用90纳米技术制造，集成了2亿3千万个晶体管，核心顶面积也达到了206平方毫米。它的技术支持特性与Pentium4近似：支持EM64T 64位扩充，Execute Disable Bit以及EIST（增强Intel SpeedStep），但是每个核心的Hyper-Threading被关闭（启动HT的SmithField处理器的产品定位更高，称作Pentium X），操作系统仍会将Pentium D识别成类似HT Pentium4一样的双处理器，只不过现在是真正的两个处理器核心，而不是HT支持下的双逻辑处理器了。Pentium D系列共有3个型号，它们分别是Pentium D 820（2.8GHz）、Pentium D 830（3.0GHz）和Pentium D 840（3.2GHz），最高频率只达到3.2GHz而远低于Pentium4系列的3.8GHz，在单个核心近乎相同的结构前提下，可以预见Pentium D 840在不支持多处理器的应用环境下肯定要比Pentium4 570这种产品慢。

3.2.4　Celeron D系列回顾

Celeron（赛扬）一直是Intel抢占中低端处理器市场占有率的功臣，从最早的赛扬一代一直到现在的Celeron D，Celeron为Intel做出的贡献无法用言语来形容。在目前Intel的产品中，低端市场主要以Celeron D为主。

通常Celeron D也称为赛扬五代，在此之前出现过四代产品，但目前市场上只找得到赛扬四代的产品。下表是赛扬四代与Celeron D的参数比较。

CPU世代	P4第四代	P4第五代
核心结构	Northwood核心	Prescott核心
系统总线频宽（GHz）	400	533
针脚/接触点	478	478、775
制程（nm）	130	90
频率（GHz）	1.6～2.8	2.4～3.2
CPU插槽	Socket478	SocketT/Socket478
L1高速缓存大小	8KB数据　12KB指令	16KB数据　12KB指令
L2高速缓存大小	128KB缓冲	256KB缓冲
搭配的主板芯片组	845/865系列	865/875/915
多媒体指令集	MMX/SSE/SSE2	MMX/SSE/SSE2/SSE3
P4J技术	无	具备
EM64T技术	无	具备（指支持GA775结构）

从上表可以看出Celeron D同时也支持硬件防毒和64位技术，但Celeron D并不支持过热降频技术。

另外，Celeron D的系统总线最高只支持到533MHz，没有达到800MHz或更高的1,066MHz。

Celeron D相对于Pentium 4最大的区别则是L2高速缓存的大小，Celeron D的L2高速缓存大小通常只相当于Pentium 4高速缓存大小的四分之一～八分之一，这就是Celeron D被定位于中低端处理器市场的原因。

3.2.5　新主流的"扣肉"大餐

2006年1月，Intel推出低电耗的双核处理器Core Duo（酷睿），它分为双核Intel Core Duo与单核心Intel Core Solo二个版本。

在2006年6月，Intel再推出台式计算机版本第二代的Core 2 Duo处理器（核心代号

Conroe，俗称"扣肉"、"烤土豆"），大幅采用新一代微结构（Next-Generation Micro-Architecture；简称NGMA），并宣称效率比双核Pentium D 950提高40%、耗电量减少40%；同样有Duo（双核）及Extreme（极致版）二个型号。但由于售价不斐，未引发换机潮，市场主流双核处理器仍为Pentium D，低端、低价仍是PC市场的最爱，即便是全球前四位PC品牌厂家仍全力销售单核心PC产品，而Core 2 Duo的市场占有率不及三成。

高贵的Core 2 Duo和Core 2 Extreme处理器

3.3 AMD Athlon 64与AMD Sempron系列

根据外电报导，AMD（超微）CPU在2006年处理器市场占有率已超过二成，由于该产品的多媒体指令集对游戏支持性相当好，因此普遍获得许多游戏玩家的喜爱。长久以来，AMD公司给人的印象都是紧随Intel脚步，一直无法超越Intel，但是在2004年当AMD转向64位消费型处理器，这一格局被彻底打破。AMD除了率先推出64位处理器，还将硬件防毒技术集成到处理器，最近又推出双核的Athlon64 X2处理器，引爆与Intel新一轮的大战。AMD目前有高端的Athlon64（速龙）处理器系列和中低端的Sempron（闪龙）系列。

高端的Athlon 64（速龙）处理器　　　　　中低端的Sempron（闪龙）处理器

3.3.1 打下一片江山的功臣——K7处理器

在介绍Athlon 64处理器之前首先要回顾Athlon XP。Athlon XP是AMD推出Athlon 64位处理器之前的最后一款32位处理器，其中不乏经典的超频极品，如Athlon XP 2500+等。Athlon XP采用462针脚设计，L2高速缓存大小为512KB，虽然AMD公司已经全面生产兼容32位平台的64位处理器，但是众多款式的Athlon XP至今依然是许多计算机游戏与超频玩家心目中最具性/价比的产品，市场上仍有现货。

Athlon XP 2800+

Athlon XP 2500+

Athlon XP 3200+

3.3.2 Athlon 64处理器——兼容32/64操作系统环境的Athlon 64位处理器

K8处理器最大的特点是加入64位运算结构，虽然K8是64位的结构设计，但它完全兼容32位的操作系统与应用程序，不过只有搭配64位操作系统和应用软件，才能完全发挥出K8的效率。AMD的K8系列处理器包括高端的Athlon 64 FX和主流的Athlon 64。

Athlon 64 FX处理器

Athlon 64 处理器

同时AMD也开始细分产品，将Athlon 64处理器分别设计成支持Socket754插槽的Athlon 64和支持Socket 939插槽的Athlon 64。至于高端的Athlon 64 FX处理器则全面支持Socket 939插槽。

支持Socket 754结构的处理器

支持Socket 939结构的处理器

3.3.3 双核的Athlon 64处理器

Intel为提高CPU效率提出多核处理器结构，并推出具备双核技术的P4 8xx系列CPU。AMD也不甘示弱，在Athlon 64 FX系列CPU之后，又推出核心代号为Toledo的双核处理

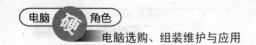

器，此款处理器的编号是在Athlon 64之后加上X2，表示该CPU具备双核技术。

Athlon 64 X2双核处理器

在大致认识上述四种不同类型的处理器后，下表将比较这三款处理器之间的不同。

CPU类型	Athlon XP	Athlon 64		Athlon 64 FX	Athlon 64 X2
核心代号	Barton 核心	Newcastie 核心	ClawHammer 核心	ClawHammer 核心 SledgeHammer 核心	Toledo 核心
制程（nm）	130	130	130	130	90
针脚数	462	754	939	939	940
系统总线频宽（MHz）	266/333/400	800	1000	1000	800
频率（GHz）	2000+~3200+ 实际频率： 1.66~2.2	3000+~4000+ 实际频率： 1.8~2.4		FX-57/55/53/51 实际频率： 2.2~2.8	3800+~4600+ 实际频率： 2.0~2.4
L1高速缓存（KB）	128	128	128	128	256
L2高速缓存（KB）	512	512	1	1	1
内置内存条控制器	无	64-bit	128.bit	128.bit	128.bit
EVP防毒技术	无	有	有	有	有
多媒体指令集	3DNow！、 SSE、MMX	3DNow！ Professional technology、			MMX(+)， 3Dnow!(+)， SSE，SSE2， SSE3，X86-64
内存支持种类	单通道	单通道	双通道	双通道	双通道
省电技术	无	Cool 'n' Quiet			
双核	否	否	否	否	是

从上表可以知道，Athlon XP与Athlon 64之间的区别主要表现在AMD的64位处理器增加了高速缓存的容量，同时针对64位处理器的平台安全重新设计一项硬件病毒防护技术，而具备双核处理器结构的Athlon 64 X2则将针脚数增至940。

中低端的首选Sempron

为了有效抗衡Intel的中低端产品Celeron D，同时接替Athlon XP退出市场所带来的产品空白，AMD推出中低端产品Sempron处理器，此款处理器有Socket 754与Socket 462两种插槽。

Socket 754结构的Sempron处理器

Socket 462结构的Sempron处理器

下表比较这两种不同设计结构的Sempron处理器。

处理器结构	Socket 462	Socket 754	
针脚（Pins）	462	754	
核心代号	Thoroughbred(B版)	Paris核心	Palermo核心
制程（nm）	130	130	90
系统总线	333MHz	800MHz	
频率（GHz）	2200+～2800+ 实际频率：1.8GHz	2500+～3400+ 实际频率：1.4～2.0GHz	
内置内存控制器	无	有，64-bit	
多媒体指令集	3DNow!、SSE、MMX	MMX(+)，3DNow!(+)，SSE，SSE2，SSE3	
EVP防毒技术	无	有	

通过上表的比较，可以看出Socket 754结构的Sempron处理器与Socket 462结构的Sempron处理器有很大的不同。

AMD公司已经推出90nm制程、代号为Palermo的Sempron处理器，2006年12月起更是全力开发65nm制程的CPU产品。

3.4　CPU的规格与技术指标

前面已经针对CPU中央处理器做了一番全面的介绍，但是可能有许多专有名词让人不知其所以然，下面对它们将稍加解释说明。

1. 从外包装看规格

任何一款CPU产品的主要规格，通常可以从外包装盒看得一清二楚。

其实从前面介绍过的CPU各种参数对照表中，大家可以总结出一些规律。下面是需要从CPU的外包装盒取得的信息。

● 购买何种CPU

首先要确认准备购买何种品牌的CPU，如Intel或AMD。

外包装盒上可清楚看到此CPU为Celeron D 331⁺

盒装Intel Celeron D

● CPU的频率大小

自从频率的提高遇到研发瓶颈后，Intel取消了用频率命名CPU的方式，如Intel的830、560、340等；AMD的4200+、3800+等就是如此。因此消费者应当明白现在的CPU编号已不再代表CPU的实际频率。

这些数值表示CPU频率为2.66GHz、533MHz FSB、256KB L2 Cache，该CPU是Intel低端64位处理器

● 确认CPU针脚数

不同针脚的CPU对应不同的主板，千万不能乱搭配，因此需要了解所购买的CPU的针脚数，为后续购置主板做好事前准备。

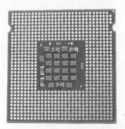

LGA 775封装的Pentium 4 CPU为触点设计，摆脱以往的针脚设计

mPGA 478封装的Celeron D针脚数

mPGA 939封装的Athlon 64 FX CPU针脚数

mPGA754封装的Athlon 64 XP

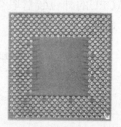

mPGA 462封装的Athlon 64、Sempron针脚数

2. 常见的专有名词概念

- HyperTransport与Hyper-Threading

这两项技术分别由AMD和Intel公司各自开发，二者的缩写均为H.T，因此请不要搞混。下面简单说明这两项技术。HyperTransport中译为超传输技术，这项由AMD开发的技术，让北桥芯片与南桥芯片可以双向高速通信和自动调整频宽。Hyper-Threading中译为过热降频，这项Intel独家技术是在CPU内部将物理核心的CPU虚拟成两个逻辑核心的CPU，达到增强CPU运作效率的目的。

- 核心代号（Core Name）

核心代号是指仍在研发过程中的产品，为了向外界发布在正式生产之前的被暂定名称。

- 系统总线（System Bus）

系统总线是指CPU对外的运行速度。目前主流CPU的System Bus均提高到800MHz甚至更高，低端的处理器System Bus也已提高到533MHz以上。系统总线的数值越高表示单位时间内的数据传输速度越快。

- 制程技术（Process Technology）

制程技术的单位有微米（Micron或Micrometer，10^{-6}m）与纳米（nano，10^{-9}m）两种。CPU的制程越小，发热量越少，在单位面积内可以集成更多的晶体管，CPU的效率也越高。

- 高速缓存（Cache Memory）

高速缓存是内置于CPU用以缓冲待处理的数据。Cache Memory容量越大，可以缓冲的数据就越多，但L2 Cache并非越大越好，超过一定额度后效率提高将变得不明显。原因在于L2 Cache越大，发热量也相对增加，并且由于数据堆叠在L2 Cache中反而降低系统效率。目前主流CPU的L2 Cache多为512KB～1MB，而初级的CPU产品则通常为128KB～256KB。

第 4 章

04 内存条 ——RAM

计算机主机中另外一个重要的硬件无疑属内存条，因为内存是CPU读写数据、缓冲数据的暂存空间。本章将介绍目前主流内存条及其规格。也许大家还记得在2006年，常常听到人们讨论一个新名词：DDR2。究竟什么是DDR2呢？DDR2技术是截至目前市场上最高端的内存储存技术，让我们瞧瞧它的卢山真面目。

4.1 认识内存条外观

严格来说，"内存"这个名词是一个通称，因为内存包括RAM（Random Access Memory；随机读写存储器）、ROM（Read-Only Memory；只读存储器）两种，而RAM和ROM又各自有不同的分类，虽然统称为内存，但由于大多数人只熟悉计算机用的RAM，因此内存便成为RAM的代名词。

1. 盒装内存条外观

目前市场上大部分的内存条都是盒装，都有一定的质量保障，价格虽偶有波动，但大体而言仍在消费者的接受范围内。

盒装内存条

拆开外包装后可以仔细观察内存条，观察重点在于内存条颗粒和金手指。

2. 图解内存条

买回来的内存条，你会发现正反面的长相可能不太一样，究竟又有何奥妙呢？

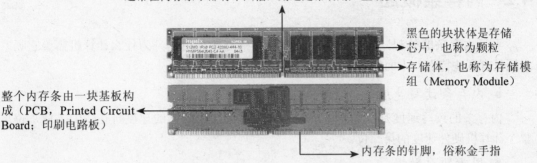

通常在内存条下部有个凹槽，用途是帮助用户正确安装

黑色的块状体是存储芯片，也称为颗粒

存储体，也称为存储模组（Memory Module）

整个内存条由一块基板构成（PCB，Printed Circuit Board；印刷电路板）

内存条的针脚，俗称金手指

注意事项

部分内存条表面覆盖有一层金属保护层，这种金属保护层的用途主要是帮助内存条散热。

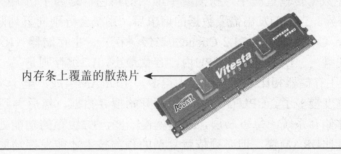

内存条上覆盖的散热片

3. 内存条在主机中所处的位置

内存条在主机中的什么位置呢？主板为内存条提供了插槽，而内存条须插在该插槽才能进行工作。我们首先从外观上来辨别，内存条插槽一般是以一对一对的方式出现，有的是两个插槽，有的是四个插槽，甚至有的主板提供六个插槽，这是为了满足主板的技术特点而设计的，另外在插槽的两端都有卡榫。出于CPU和内存条之间数据传输的需要，内存条插槽往往离CPU插槽比较近，不同主板中，内存条的位置也不尽相同。

内存条插槽

主板上内存条插槽的位置

了解内存条插槽的位置，有助于我们在进行装机时决定硬件安装的先后，因为有的主板很大，内存条插槽的位置离硬盘很近，那么插槽的位置就有可能被硬盘遮住，这样内存条就没有办法顺利插上了。

4.2 内存条概述

看了内存条的外观，接下来需要了解内存条有什么用途，为什么计算机需要它呢？它还具有哪些特点？下面将一并说明。

● 内存条读写速度

内存条的读写速度是以纳秒（ns）为计算单位，因此它的速度排在CPU之后，位居整个计算机硬件速度的第二位。

● 用于暂存数据

由于内存条具有较快的存取速度，因此CPU从磁盘读取数据时会暂存到内存条中，这样既能保证CPU有足够的时间处理数据，同时又可以保证不会出现系统读写延迟的问题。由于内存条的特性是断电后所有的数据全部消失，因此最终必须将内存条内的数据写入磁盘。内存条的最大作用就是暂存数据。

内存条在数据传输过程中，扮演着中继站的角色，是为了协调CPU与硬盘之间数据传输的速度差异。当CPU发出需要数据的请求后，系统会分别向下列四个地方之一寻找数据：L1 Cache（一级缓存）、L2 Cache（二级缓存）、主存储器（RAM）和实体储存系统（例如：硬盘）。L1缓存位于CPU内，容量最小，L2缓存则是另一个独立的存储区，采用SRAM。主存储器相比之下容量要大得多，由DRAM组成，至于实体储存系统容量就更大，但是速度慢多了。CPU首先从L1缓存开始搜寻数据，然后再到L2缓存、DRAM，最后才是实体储存系统。每下一层，速度就慢一些，L2缓存的功能处在DRAM和CPU之间，读取速度比DRAM快，但必须依赖复杂的预测技术才能发挥功能。一般所称的"缓存命中率"（Cache Hit）指的是在L2里找到数据，而非在L1里。缓存的目的，重点在于尽可能提高内存条读取的速度，达到CPU的水平。

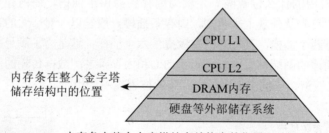

内存条在整个金字塔储存结构中的位置

● 容量与系统效率

由于内存条具有暂存数据的功能，因此其容量越大暂存的数据越多，CPU处理数据的速度则越快，故而内存条的容量大小会影响系统的整体效率。

4.3 主流内存条——DDR/DDR2

内存条演变至今，已经发展到DDR（Double Data Rate）时代，过去的SDRAM产品已渐渐退出市场，就让我们从目前的主流DDR/DDR2规格开始谈起吧！

1. DDR SDRAM

DDR内存的全名为DDR SDRAM，是Double Data Rate Synchronous Dynamic RAM的缩写，意思是同步双倍数据传输动态随机存取内存。它是一个从SDRAM演化而来全新的标准。

至于DDR的双倍数据传输的概念又是什么呢？

在SDRAM时代，数据都是单向传输，在高电压的状态下数据开始传输，而处于低电压的状态下数据则停止传输；双倍速度的DDR内存条做了一番更新，无论内存条处于高电压或者低电压状态，数

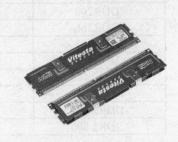

DDR SDRAM是目前最普及的内存条，
并且为DDR2打下基础

据都可以传输，这样在理论上，DDR SDRAM内存条获得双倍于SDRAM的传输能力。这就是它称为同步双倍数据传输动态随机存取内存的原因。

由于内存条制造商在SDRAM的频率达到133MHz（只有少部分厂家后续又推出频率为PC 150MHz的SDRAM产品）后，就全面转向生产DDR，因此DDR是从266MHz（133MHz×2）开始起步的，后续的DDR 333、DDR 400则是在166 MHz、200MHz下的双倍速率同步动态随机存取内存条。

2. DDR2

DDR2就是第二代DDR内存条。DDR2的数据传输速度高达800Mbps，同时DDR2单条内存的容量也大幅扩充到1GB，相对于DDR而言，DDR2的耗电量降低至1.8V，针脚数则提高为240Pins。

第二代DDR内存条将成为主流

旧式主板的内存条插槽一般只支持DDR，而新主板的内存条插槽则全面支持DDR2。请务必注意这两种内存条不能混用于新旧主板上。

补充说明

内存条目前以PCxxx的规则命名，如PC2700，不要误认为这是容量为2 700MB的内存条，因为这种命名方式中的数字代表的是内存条最大的传输频宽。例如PC2700代表内存条每秒钟的数据传输量高达2.7GB。下表是目前的内存条传输速度。

内存条规格	代号	工作频率（MHz）	理论频宽（GB/s）
DDR200	PC1600	100	1.6
DDR266	PC2100	133	2.12
DDR333	PC2700	166	2.66
DDR400	PC3200	200	3.2
DDR2 400	PC2 3200	200	3.2
DDR2 533	PC2 4300	266	4.26
DDR2 667	PC2 5300	333	5.33
DDR2 800	PC2 6400	400	6.4

 补充说明

DDR2与DDR的参数比较

项目	DDR2	DDR	备注
Densities内存条	256MB–4GB	64MB–1GB	更高的单条内存容量在需要大容量芯片规格存储体的平台上更具成本优势
Data Transfer Rate工作频率	400MHz 533MHz 667MHz 800MHz	200MHz 266MHz 333MHz 400MHz	速度大幅提高到800MHz以上
memory subsystems Internal Banks	4 and 8	4	1GB或1GB以上容量的内存条将使用8banks技术，提高内存条效率
内存条频宽	6.4GB/s（双通道DDR400）	双通道DDR2667提供高达10.6GB/s的传输频宽	更高的内存效率
Modules模块	240-pin DIMM 200-pin SODIMM 214-pin MicroDIMM	184-pin DIMM 200-pin SODIMM 172-pin MicroDIMM	更新的线路与供电设计
Package内存芯片封装	FBGA	TSOP and FBGA	FBGA（Fine-Pitch Ball Grid Array；细密球型数组）封装提供了更好的电气性能与散热性
Voltage电压	1.8V	2.5V	DDR2 SDRAM仅为1.8V的工作电压，可大幅降低内存条的功耗，并减少发热量
Prefetch	4	2	在相同核心频率时，获得两倍DDR宽

（续表）

项目	DDR2	DDR	备注
ODT终结电阻	DDR2 SDRAM使用ODT（On-Die Termination）设计，内置终结电阻	主板控制	在每一个芯片上终止内存数据，以增强内存条质量与完整性。这样可以取消主板上用于减少数据反射的终结电阻器，简化主板设计，有助于降低设计制造成本
CAS Latency 延迟时间	CL+AL CL=3 4 5 clocks	2 2.5 3 clocks	在前置CAS指令中，一个CAS数据（读/写命令）可以在RAS数据输入后成为下一个频率的输入。该CAS指令可以保留在DRAM一侧，并在附加的延迟（0、1、2、3和4）之后执行。简化了控制器设计，避免指令通道上的冲突，并提高效率

4.4 RAM标准与规格

在初步了解内存条之后，本节将介绍常见的各种内存条规格，让大家不再对内存条规格感到一头雾水！

通常只要检查内存条产品的外包装，就可以知道它是什么类型的内存条。

- 容量

内存条的实际容量大小会清楚地标在外包装上面，因此无需担心购买内存条时无法判断内存条的容量。

内存条的实际容量和类型

- 内存条频率

内存条的频率是指内存条与CPU交换数据的速度。内存条频率的计算方式如下：

$$内存条频率 = 数据大小 \times 频率 \times 单位频率下的存取次数$$

- ECC功能

ECC（Error Correction Code、Error Checking and Correction）是一种利用多余的硬件线路储存数据本身的检查信息，以验证数据传输时的正确性，不过这种技术通常应用于服务器领域，在个人PC上已很少见到具有ECC功能的内存条，原因在于许多PC主板都不再支持ECC功能。

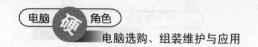

其实，有ECC功能的内存条与无ECC功能的内存条的区别，只是多了一颗内存条颗粒。

无ECC功能的内存条的颗粒数为8颗

有ECC功能的内存条的颗粒数为9颗

● 双通道（Dual Channel）技术

所谓的双通道技术，其实是结合使用两条内存条。这种技术由主板来控制，并非指内存条本身具有双通道功能。双通道技术是由北桥芯片负责的，主要是在北桥芯片组内置两个相互独立的内存条控制器，让CPU具备在这两个内存条控制器中分别读取数据的能力，也使得内存条的频宽增加一倍。

由于双通道技术是由主板控制，而不是内存条控制，因此使用双通道技术的前提是主板必须支持才行。

介绍到此，您是否已经大致了解内存条的规格？这些规格不仅是判断内存条本身效率的一项依据，也是日后选购的重要原则，更要牢记内存条与主板之间的兼容性，千万不要买了DDR2的内存条却往不支持DDR2内存条的旧型主板上安装，那未免太对不起腰包了！

补充说明

内存条的发展趋势

● DDR3

新一代的DDR3采用了ODT（核心集成终端子）技术以及用于优化性能的EMRS（Extended Mode Register Set）技术，同时也允许输入时钟异步。在针脚定义方面，DDR3彻底摈弃TSOPII与mBGA封装形式，采用更为先进的FBGA封装。从长远的趋势来看，拥有单芯片位宽频优势与频率和功耗优势的DDR3迟早会取代DDR2，甚至DDR2很可能将会成为过渡性技术。

● XDR

XDR内存条是由著名的Rambus公司提出的一种新内存条技术规范，企图取代现有的RDRAM内存条。XDR三个字母是"eXtremeData Rate"的缩写，XDR的最大特点是集成Rambus之前公布的一系列新技术。XDR的工作频率有三级，分别位于2.4GHz～4.0GHz之间，Rambus计划在十年内达到6.4GHz。XDR的应用范围很广，主要应用目标为满足高内存条频宽需求，包括高画面品质数字影像录放产品、电视游戏机、数字电视以及高性能工作站/服务器、网络设备等领域。

- MRAM

MRAM（Magnetic Random Access Memory）磁阻式随机读写存储器，所谓"磁阻式"是指电源关闭后，仍可以保留完整数据，功能与目前流行的闪存芯片大致类似，它的工作原理和硬盘上储存资料一样，文件以磁性的方向为依据，保存为0或1，数据可以永久储存，直到受外界磁场的影响，这个磁性数据才会产生变化。与DDR或RDRAM相比较，MRAM的优势相当明显，可望彻底改变PC的应用方式。

MRAM的应用范围不局限于PC，而是涵盖所有的电子产品，包括移动电话、以数码相机为首的家用电子产品，甚至包括为航天系统提供关键性的内存硬件。

第5章

05 PCI-E/AGP显卡

显卡（Graphics Card）是除了CPU、RAM之外的另一个重要的计算机硬件，它提供了图形化的用户接口，方便用户操作计算机。更重要的是，由于多媒体技术的进步，不论是玩游戏还是设计图像，拥有一个功能强大的显卡将带来绝佳舒适的视觉享受。

5.1 从外观认识显卡

显卡的外包装是什么样子？如何辨别显卡？显卡在机箱中的什么位置？这些都是本节要介绍的重要内容。

1. 盒装显卡外观

在决定付钱买显卡之前，首先需要端详了解一番。

显卡制造商

在包装盒正面会看到芯片组装厂的标识

通常也会标注显卡高速缓存大小与存储类型

盒装显卡

2. 显卡图解

要认识显卡的各种功能，可以先从外观上的标识了解显卡。基本上，显卡像主板的浓缩版，它的上面也由芯片组与内存等组成。

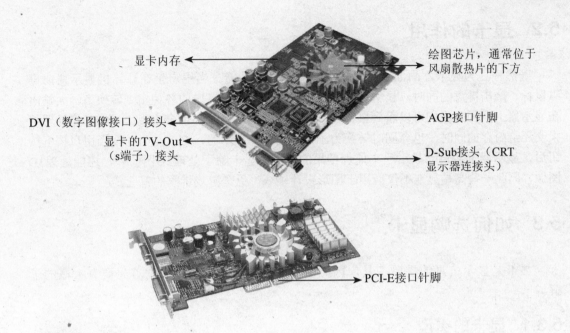

显卡内存

绘图芯片，通常位于
风扇散热片的下方

DVI（数字图像接口）接头

AGP接口针脚

显卡的TV-Out
（s端子）接头

D-Sub接头（CRT
显示器连接头）

PCI-E接口针脚

补充说明

由于显卡芯片组功能日益强大，电耗也不断增加，因此单纯的通过针脚为显卡供电已不能满足显卡的需要，因此一些显卡增加了一个独立的电源供应接头，这种通过外加电源供电的显卡通常都是PCI-E的针脚。

若发现显卡有这种连接头，表示
显卡需要额外的电源供应，因此
必须注意连接电源转接线

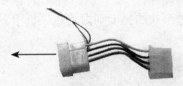

您若对需要额外供应电源的显卡的连接方法仍然不了解的话，后面会在组装过程中详加解说。

3. 显卡在主机中的位置

大家都知道主板上安装有CPU、内存条和多种适配卡，那么显卡又位于机箱中的什么位置呢？

显卡通常位于
CPU的后面

5.2 显卡的作用

既然称之为显卡，画面输出是应该具备的基本功能。当用户坐在计算机显示器前操纵鼠标、敲击键盘的同时，显卡也在不停工作，它将用户发送的各种指令转换为画面输出在显示器上，因此我们可以看到鼠标在动，敲击键盘后的文字也会出现；当CPU将处理结果交还给内存的同时，也会同时转换为画面并输出到显示器，这就是为什么当用户按下按钮后，显示器上会自动显示一个处理结果的原因。显卡除了处理2D图像外，还能处理3D图像，因此一些高端显卡不仅应用于图形设计领域，更是游戏玩家的首选。

5.3 如何选购显卡

显卡是显示信息的重要工具，因此在决定选购显卡之前，对它首先要有大概的了解。

5.3.1 显卡的类型

按照不同的分类方法，显卡有很多种类型，但消费者在购买显卡的过程中比较关心的是：独立显卡与主板内置显卡的区别，以及AGP显卡与PCI-E显卡的不同。

1. 独立显卡与主板内置显卡

目前计算机市场上显卡以两种形式存在，一种是独立显卡，这种显卡需要另外购买，至于另一种形式的显卡则内置在主板中，与主板共享内存。

需要单独购买的显卡称之为独立显卡　　　　内置显卡只是将显卡的芯片组内置于主板中

如果平常计算机只是用来上上网或是听听音乐，运行办公应用软件，不玩大型3D游戏或设计图像，那么选用主板内置的显卡即可，这样可以省下一笔开支；否则建议购买性能强大的独立显卡。

独立显卡又可细分为游戏用途的显卡和专为3D图像设计的专用显卡，例如：Radeon系列与nVIDIA的GeForce都是专为游戏设计的显卡芯片组。而wildcat系列等是图形设计专门显卡，适用于电影特效制作、广告动画设计等图像设计领域。

不同类型显卡之间的价格相差相当大。因此在购买计算机硬件前，必须确定这台计算机的主要用途，然后依据应用方式来选择，力求以最少的花费买到最合适的显卡，而不是盲目追求高性能。

 技能充电

虽然大多数内置显卡在玩大型游戏时会出现画面停顿、运行不流畅等情形，一些游戏甚至无法运行，但是随着内置显卡技术的不断提高，例如Intel的915G芯片组内置的GMA900系列显卡，已经与nVIDIA的GeForce 5200 64bit显卡的效率相差无几，也能满足一些低端的3D处理要求。

2. AGP显卡与PCI-E显卡

PCI-E超越AGP的最大优势就是数据传输速度，这也是造就PCI-E显卡快速发展的主要原因。PCI-E显卡采用DDR2内存条，因此速度更快，功耗更低，但是PCI-E显卡的总功率却远高于AGP显卡，一般都在75W以上，所以对主板和电源的要求也比较严格。目前各大显卡厂家都已经推出完整的PCI-E产品，只要条件允许，PCI-E显卡应该是消费者最好的选择。但AGP显卡由于发展时间较长，技术已臻成熟，因此AGP显卡在中低端市场仍有明显的优势，对使用要求不大或预算有限的用户，仍是不错的首选。

5.3.2 如何快速判断主板是否有内置显卡

如何判断主板是否有内置显卡呢？方法很简单。检查主机背板是否有与显卡D-Sub接头相同的接口，如果有，那么就表示这种主板有内置显卡芯片组，用户可通过BIOS调整内置显卡内存的大小。当然，主板包装盒的规格说明也是一项判断依据。

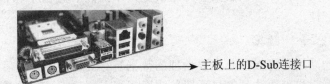
→ 主板上的D-Sub连接口

 注意事项

关于从BIOS调整内置显卡内存大小的方法，将在后面组装与调试的过程中专门介绍。

内置显卡的主板根据主板芯片组的不同，会选择是否提供额外的AGP或PCI-E接口，因此用户会发现有部分内置显卡的主板同时也提供了独立的AGP或PCI-E接口，以满足日后使用要求的改变，可以增加并升级为独立显卡。但许多厂家为了降低成本或顺应产品市场定位而将这部分省略掉，因此用户会发现一些主板使用的芯片组明明支持某些接口，但主板却没有提供。所以在购买时除了务必留意芯片组规格外，最好检查主板是否有对应的显卡插槽。

5.3.3 选择独立显卡的注意事项

"好的显卡带你上天堂，不好的显卡让你的眼镜度数加深"。如果在预算范围内决定花钱购买独立显卡，那么有些选购原则提供给您参考：

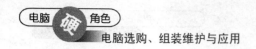

- 接口选择

  接口的选择是关键，当然如果之前已经先购置了主板，那么买何种接口的显卡大致上已经确定了。也就是说如果用户购买的是PCI-E接口的主板，那么别无选择一定要购买PCI-E显卡，否则就是AGP显卡；而已有内置显卡的主板，则可视主板是否具有独立的AGP或PCI-E接口，选择购买类型或不购买。

- Direct X支持

  什么是Direct X？严格来讲应该是游戏制作者的API（Application Development Interface；应用程序接口）。它是一组允许用户直接控制计算机硬设备的软件。如果硬件支持Direct X并且用硬件加速程序，就意味着程序可以更快速的运行。其实Direct X就是微软内置在系统中的驱动程序引擎和开发人员用于硬件开发的接口。为什么要强调显卡必须有Direct X支持呢？由于显卡支持的Direct X版本越高，越能够表现出显卡的功能，因此有无支持更高版本的Direct X已经成为衡量显卡效率的标准。

- 芯片组/工作频率

  芯片组是衡量显卡效率高低的一个重要标准，开发商在推出新型的显示芯片组时，会依据市场状况将芯片分为两类，效率较低的定位于低端用户，效率较高的定位于高端用户。

  工作频率也是决定显卡效率的一个重要基础，显卡的工作频率越高代表效率越高，而显卡的工作频率也由其芯片组决定，不同显卡的芯片组不一定相同，工作频率也不一样。

- 显卡内存容量、频率

  显卡内存的功用是将显示芯片要处理的数据暂存到内存中，然后再将这些数据输出到显示器。显卡要达到的显示器分辨率越高，屏幕上显示的像素就越多，显卡内存的容量也就越大越多，因此显卡内存条容量大小亦属于决定显卡效率的一个重要指标。由于显卡内存类型也决定了显卡内存频率。这样即便相同容量的显卡内存，由于其频率的差异，效率也不一样，目前大多数显卡都采用GDDR/GDDR2内存，更高端的显卡则选用GDDR3内存条。

- 显卡存储位数

  显卡存储位数是指显卡内存与芯片组交换数据时，数据的实际传输量，单位是bit。早期的显卡存储频宽有32/64bit，目前则已提高到128/256bit。显卡存储位数越大，交换数据的速度越高。

- 显卡厂家

  选购显卡时尤其要注意看清楚制造商的品牌，一些小厂生产的显卡不但不能保证质量，可能还会出现缩水现象，售后保修工作也不够理想。因此在购买显卡的时候要参考一些知名厂家的产品信息。

5.4　主流显卡芯片——ATI、nVIDIA

显卡的种类很多，生产显卡的厂家也不少，目前市场上主流的显卡芯片组是nVIDIA的GeForce系列芯片组与ATI的Radeon系列芯片组。

5.4.1　nVIDIA——GeForce6/7/8系列芯片组特性

nVIDIA是显卡芯片组的龙头，nVIDIA每开发一项新产品都会牵动整个显卡市场的现况及未来发展，因此它的一举一动都受到市场和计算机玩家的关注。随着PCI-E等新标准的出现，nVIDIA也推出最新的显卡芯片组GeForce 8800、7900、6800、6600、6200。

1. 产品市场定位

下表简单列举nVIDIA产品不同芯片组的市场定位。

产品定位	高端应用		主流应用		初级应用	
名称及核心	名称	核心代码	名称	核心代码	名称	核心代码
GeForce8系列	8800GTX	G80	8800GT/8800GTS	G80	\	\
GeForce7系列	7900GTX	G71	7900GT	G71	\	\
GeForce6系列	6800	NV40	6600	NV43	6200	NV43-V

nVIDIA在产品结构上区分为不同的等级，如：Ultra、GT、标准版、LE/SE等不同的版本。目前许多显卡制造商推出了GeForce系列芯片组的显卡。

GeForce 6系列6800 Ultra

GeForce 7系列GeForce 7900 GT

GeForce 7系列GeForce 7900 GTX

GeForce 7系列标志

GeForce 8系列Geforce 8800 GTX

配备双插槽散热器的GeForce 8800 GTX

由于nVIDIA推出的GeForce 8800时间不长，下面简单介绍GeForce 8800 GTX/GTS这两款高端显卡。

- 这两款显卡同为PCI-E接口。
- 支持双Dual-linkDVI输出和TV输出，TV输出功能包括矢量图像、S-Video和复合图像输出。
- GeForce 8800 GTX/GTS都采用GDDR3显卡内存，都主推高端市场。
- 技术差异：GeForce 8800 GTX比GeForce 8800 GTS略长。GeForce 8800 GTX有128个串流处理器（Stream Processor），即统一着色器，频率为1350MHz，而GeForce 8800 GTS有96个1200MHz频率串流处理器；GeForce 8800 GTX的GPU具备575MHz的核心频率，GeForce 8800 GTS为640MB。GeForce 8800 GTX的有效频率是1.8GHz，GeForce 8800 GTS的有效频率为1.6GHz。GeForce 8800 GTX支持384-bit显卡存储频宽。而GeForce 8800 GTS支持320-bit显卡存储频宽。
- 所有基于GeForce 8800 GTX的显卡都将配备双插槽散热器，GeForce 8800 GTS显卡就有搭配类似的双插槽散热器。

GeForce 8800 GTX与前一代7系列的顶级显卡GeForce 7900 GTX相比，图像渲染管线增加了2倍以上，顶点渲染管线也提高12倍以上，核心晶体管数量更高达6.81亿个。这样惊人的规格让GeForce 8800 GTX的性能明显比7800 GTX/GeForce 7900更强大，并且采用90纳米技术的GeForce 8800GTX核心比GeForce 7900 GTX具备更强的处理能力。

- 这两款显卡同为PCI-E接口。
- 同时定位在高端市场。
- 搭配的内存容量、内存类型都是GDDR3。
- 两款显卡都具备支持Microsoft Windows操作系统的驱动程序Direct X9，以及Shader Model 3.0、UltraShadow II等技术。
- 不同之处在于GeForce 8800GTX支持Direct X10，而7900GTX不支持。8800 GTX/GTS的Core Clock分别是575MHz、640MB，而7900 GTX/GT的Core Clock分别是650MHz、450MHz。7900 GTX/GT的Memory Clock分别为1600MHz、1300MHz，而8800 GTX/GTS的Memory Clock分别为1800MHZ、1600MHZ，更能完美配合Windows Vista操作系统的新特性。

下面是中端显卡玩家偏爱的GeForce 7800 GTX与nVIDIA 6系列的顶级显卡6800 Ultra的比较。GeForce 7800 GTX的图像渲染管线和顶点单元分别增加50％和33％，而它的核心晶体管数量也高达3亿个。有这样惊人的规格，GeForce 7800 GTX的性能很显然超越6800

Ultra，并且采用0.11微米的G70核心也比NV40具有更大的潜力。

GeForce 7800 GTX和7800 GT显卡很难从外观分辨谁比较优秀，但通过下面的特性说明就可以看出来，而且本方法也可作为未来选购新款显卡的参考。

- 这两款显卡同为PCI-E接口。
- 分别定位在中高端与主流市场。
- 搭配的内存容量、内存类型都是GDDR3。
- 两款显卡同时具备支持Microsoft Windows操作系统最新的驱动程序Direct X 9，以及Shader Model 3.0、UltraShadow Ⅱ等技术。
- 不同之处在于7800 GTX的Core Clock是430MHz，而7800GT的Core Clock是400MHz。7800 GTX 的Memory Clock为1200MHz，而7800 GT的Memory Clock为1000MHz。

2. 产品特征

虽然目前nVIDIA的8800系列属于最高端的显卡，但由于价格因素，大量普及恐怕尚有一段时间，因此目前中端市场上仍以GeForce 7和6系列芯片组为主，下表列出GeForce 7和6系列芯片组产品线不同产品之间的特征。

产品型号	nVIDIA GeForce 7900	nVIDIA GeForce 7800	nVIDIA GeForce 7600	nVIDIA GeForce 6800	nVIDIA GeForce 6600	nVIDIA GeForce 6200
核心代码	G71	G70	G73	NV40	NV43	NV43-V
制程（微米）	0.09	0.11	0.11	0.13	0.11	0.11
连接接口	PCI-E	PCI-E	PCI-E/AGP	PCI-E/AGP	PCI-E	PCI-E
搭配内存	DDR3	DDR3	DDR3	DDR	DDR3	DDR3
像素通道数量	GTX:24 GT:24	GTX:24 GT:20	GT:12 GS:12	Ultra：16 GT：16 标准：12	8	4
芯片频率（MHz）	GTX:650 GT:450	GTX:550 GT:400 标准：430	GT:560 GS:430	Ultra：435 GT：350 标准：335	GT：500 标准：300	300
内存频宽（bit）	GTX:256 GT:256	GTX:256 GT:256	GT:128 GS:128	256/128	128/64	
内存频率（MHz）	GTX:1600 GT:1300	GTX:1200 GT:1000	GT:1400 GS:800	Ultra：1,100 GT：1,000 标准：700	GT：1,000 标准：500	500
内存大小（MB）	GTX:512 GT:256	GTX:512 GT:256	GT:256 GS:256	Ultra：256 GT：256 标准：128	GT：256 标准：128	256

● SLI技术初探

自推出GeForce 6系列高端显示芯片组之后，发布了下一代的最新技术SLI。全名Scalable Link Interface的SLI技术，可以让二个或二个以上的显卡，同时工作在一台个人计算机或工作站上，大幅提高图形处理效率。

支持SLI技术的三显卡连结　　　　SLI技术的标志

现在市面上已开始流行支持SLI技术的双显卡，同时具备支持2个PCI-E×16接口插槽的主板，而且PCI-E显卡的制造厂家已开始着手压缩总成本，因此SLI的普及指日可待。

● nVIDIA的物理加速技术

Quantum（量子技术）的物理加速功能。通过多达128个的Stream Processor，GeForce 8800 GTX强大的运算能力可以轻松的加速各种物理运算。nVIDIA认为，在GPU处理能力不断增强的今天，物理运算完全可以由GPU来完成，根本不需要额外的硬件帮助。nVIDIA开始与Havok FX合作，计划结合Havok引擎让自家的GPU应用于物理效果的运算工作。在最新的Havok FX物理引擎中，已经包含了针对nVIDIA显卡设计的物理加速系统。新的物理加速系统可以应用于nVIDIA旗下众多单个显卡平台和SLi平台上。在单显卡模式下，Havok FX物理引擎和Forceware驱动协同工作时，会在3D渲染周期中间加入物理效果的运算，对于3D渲染运算较少的游戏或者是游戏中3D渲染较少的场景，单GPU的运算物理效果仍可以为游戏带来很多华丽的效果。但是物理运算必将会导致GPU用于3D渲染的资源减少，因此现阶段采用SLi技术让另外一个GPU单独处理物理运算，其实是一个不错的方法。

5.4.2 ATI Radeon系列芯片组特性

ATI（Array Technology Industry）是全球知名的图形/多媒体技术供货商，目前该公司最当红的产品要算Radeon系列3D绘图芯片组。依据不同的市场定位，ATI公司将Radeon系列芯片组分为PCI-E接口的X1950、X1900、X850、X800、X700、X600、X300以及AGP接口的9800、9700、9600、9550、9250等系列。

在2006月10月间，AMD公司以54亿美元正式收购ATI，计划自行设计和生产芯片组，准备将来进军芯片组与绘图技术。

1. 产品市场定位

下表列出Radeon系列芯片组的产品定位。

产品定位	高端应用		主流应用		初级应用	
名称及核心	名称	核心代号	名称	核心代号	名称	核心代号
PCI-E接口	X1950/X1900	RV580	X1600	RV530	X1300	RV515
PCI-E接口	X850/800	R420	X700/600	R410	X300	RV370
AG接口	9800	R360	9700/9600	RV360	9550/9250	RV360/RV280

采用ATI X1950芯片组的显卡

采用ATI X1900芯片组的显卡

2. X1950XT与X1900XTX大同小异

相同处是X1950XT沿用X1900XTX的PCB,散热器均采用R580核心，都整合48个图像渲染单元和8个顶点着色单元，有速度最快的GDDR3显卡内存多层陶瓷电容和磁闭电感，保留图像输入功能，内嵌VIVO芯片，加装抽风式涡轮风扇与纯铜散热片，双Dual Link DVI接口可支持两部30英寸液晶显示器。两者都支持HDCP，使用AVIVO技术的高清晰图像译码能力大大减轻了CPU的负担。

至于小差异主要在显卡内存方面，例如：X1950XT内置256MB GDDR3显卡内存，默认显卡内存频率高达1746MHz；若使用512MB的版本，则性能接近于X1900XTX。

补充说明

Radeon X1950系列采用"同步执行高动态范围着色（HDR）"搭配反锯齿（AA）功能，提供鲜艳的纹理贴图效果以展现每个画面细节，同时也采用ATI独家Avivo技术提供高画面质量译码功能，可展现出10亿色彩像素或通过10-bit绘图管路运行（需搭配10-bit兼容的显示器）。

Radeon X1950系列也兼容于HDCP，包括内置EEPROM和HDCP码（需搭配支持HDCP的显示器和数字内容），并支持Windows Vista Premium。

3. 对比ATI中端X850显卡和X800显卡

如果手头预算有限或者没有高品质图像的要求，价美物廉的中端显卡产品也是相当不错的选择。

X850显卡

X800显卡

X850和X800显卡的相同点主要表现在以下4点。

● 除了连接接口不同外，两者的芯片组核心都相同。

● 这两款显卡都具备256MB DDR显卡内存，支持双显示器输出功能。

● 支持Microsoft Windows操作系统最新的驱动程序Direct X 9以及Mac OSX操作系统的OpenGL 1.5。

● 都具备高品质画面电视（HDTV）显示能力。

HDTV：是High Definition TV的缩写，中译为高品质画面电视，这种电视画面更为细腻清晰，扫瞄线为1080条。

OpenGL：是Open Graphics Lib的缩写，是一套属于3D绘图的软件介面（API），大约有120个函数，可快速建立3D模型。

4. 产品特征列表

X850属于ATI最高端产品，价位很高，尚未进入市场主流。下表以X800为例，考查一下各分类的不同：

产品型号	ATI Radeon X800 XT		ATI Radeon X800 PRO	ATI Radeon
核心代码	R420	R420	R423	R420
制程（微米）	0.13	0.13	0.13	0.13
像素通道数量	16	12	16	8
芯片频率（MHz）	600	500	600	450
连接接口	AGP	AGP	PCI-E	AGP
搭配内存	DDR3	DDR3	DDR3	DDR
内存大小（MB）	256	256	256	128
内存条频率（MHz）	1200	1000	1200	800
内存条频宽（bit）	256	256	256	128

5.5 显卡规格与技术指标

前面已详细介绍过显卡的外观、包装、选购原则以及芯片组的分类，然而其中涉及到许多的概念无法深入讲解。本节将针对这些概念、名词作进一步说明。

- **D-Sub接头**

  D-Sub接头是传统的CRT显示器连接头，这种连接头与CRT显示器相连接，并通过CRT显示器输出模拟信息，这是目前最常见的显卡接头。

- **DVI接头**

  计算机处理的是数字信号，但CRT使用的是模拟信号，所以传送到CRT的信息必须先转换为模拟信号，这种转换过程会造成信息丢失，可能造成显示器显示结果变得模糊。

  数字信号直接输出的清晰度比模拟信号好得多，因此厂家开始推出可以直接输出数字图像的显卡，这样就多出一个DVI接头。DVI是Digital Visual Interface（数字图像接口）的缩写，它能够直接输出数字信号，但由于DVI插槽只支持LCD，因此只有LCD液晶显示器才可以使用DVI接头。

- **TV-Out（S端子）接头**

  TV-Out（S端子）接头可直接连接电视机的S-Video输入端口，将显卡的图像数据输出到电视机屏幕。

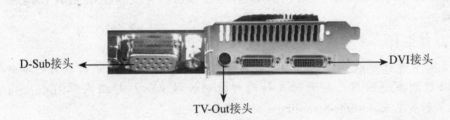

D-Sub接头　　　　　　　　　　　　　　　　　　　　　　DVI接头

TV-Out接头

- **显卡内存**

  显卡内存的英文全名为Graphics Memory，目前显卡内存的类型有GDDR、GDDR2、GDDR3、GDDR4等四代规格。

- **针脚**

  显卡的针脚就是俗称的"金手指"，这个针脚将与主板的AGP、PCI-E相连接，传输图像数据。由于目前显卡的针脚已经由AGP演进为PCI-E，相对的针脚长度也不同，因此在安装显卡的过程中要格外注意。

AGP显卡的针脚　　　　　　　　　　　　　PCI-E显卡的针脚

- **显卡芯片组**

  显卡芯片组英文称为Graphics Processing Unit，通常都用缩写GPU来称呼，因此如果提到显卡的GPU就是指显卡的芯片组。

此为nVIDIA公司的GeForce系列芯片组

2006年显卡技术

● 多卡并行抗锯齿技术

相对于普通的抗锯齿技术，nVIDIA SLi抗锯齿会从主、副显卡分别进行4×、8×抗锯齿取样，然后副显卡的数据传输到主显卡做混合处理，以达到两倍于原抗锯齿的效果。在理论上，nVIDIA SLi抗锯齿的性能与原AA性能相当，例如SLi抗锯齿8×的性能和未启用SLi抗锯齿时的4×抗锯齿性能相当。由于单个显卡可以最大到8×抗锯齿，所以SLi抗锯齿最大有16×。对于Quad SLi系统来说，可能有高达32×的全显示器抗锯齿效果。在进入多卡并行时代之后，ATI也在Crossfire平台上推出14×被称为Super AA的全显示器抗锯齿效果。

● 超级采样、多重采样抗锯齿技术

除了多卡并行可以获得惊人的画面质量外，单个显卡的抗锯齿能力也不断提高。在很早以前众多的图形已经开始支持两种抗锯齿技术——超级采样Super-Sampling（SSAA）和多重采样Multi-Sampling（MSAA）。

简单的说，超级采样就是对每一个被采样的像素做更精细的采样和计算。这一做法非常耗用资源（需要运算的数据比原来成倍的增加）。实际上可以理解这种工作过程为在做更高分辨率的运算之后将画面用低分辨率来显示。

● 透明抗锯齿技术

通过植入控制纹理的ALPHA通道来呈现透明抗锯齿的效果。在进行透明抗锯齿时，GPU会为每个需要执行抗锯齿的纹理赋予特别的标签。这样在进行超级或多重采样时，这些纹理会被当作不透明纹理来进行采样，以获得优良的抗锯齿效果。

● H.264技术

H.264是一种高性能的图像编、译码技术。它是ITU和ISO两大组织合组的联合图像团队（JVT，Joint Video Team）所共同制定的新数字图像编码标准，所以它既是ITU-T的H.264，又是ISO/IEC的MPEG-4高端图像编码（Advanced Video Coding，AVC），而且它将成为MPEG-4标准的第10部分。

H.264最大的优势是具有高数据压缩比，在同样图像质量的条件下，H.264的压缩比是MPEG-2的2倍以上，是MPEG-4的1.5～2倍。举例来说，原始文件的大小如果为100GB，采用MPEG-2标准压缩后变成4GB，压缩比为25:1，而采用H.264压缩标准压缩后变为981MB，从100GB到981MBH.264的压缩比达到惊人的102:1。一旦宽频网络普及，很适合各种网络获取压缩技术的应用，如安全监控、3G通信网络等。

第 6 章

主板 06

主板（MotherBoard或MainBoard：MB）是计算机最主要的部分，例如：CPU必须配合主板来选择，内存条又取决于主板的限制，硬盘也要看主板能否支持。没有主板将各种计算机硬件连接起来，CPU将无用武之地，其他的硬件也只能沦为装饰品了！

6.1 从外观认识主板

根据CPU的品牌和型号，可以将主板划分为多种类型。目前消费市场主流CPU类型为Intel和AMD，下面将针对这两大类型的主板加以说明。

1. 从搭配的CPU区分主板

选择主板最重要的原则就是确认将搭配的CPU种类，目前常见的主板CPU接口类型有Socket T（LGA775）、Socket 754、Socket 478以及AMD较早的Socket 462、Socket 939，还有2006年5月底发布的Socket AM2插槽等。

现在Intel芯片组的主流主板，上面的CPU插槽类型都是Socket T（LGA775），如：Intel 975、Intel 965和Intel 945，都支持双核的CPU（Pentium D和Conrone系列）。

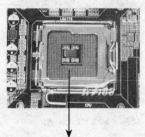

芯片组为Intel 945系列的主板，搭配
LGA 775封装的Pentium D和Conrone

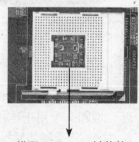

搭配Socket 478封装的
Pentium系列的CPU的插槽

CPU搭配的主板插槽看起来似乎都相同，但是仔细辨别后却能发现不同，即插槽孔数不同。

AMD 939插槽

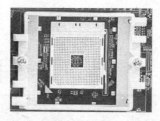
AMD 754插槽

AMD AM2插槽

如果是Socket T结构的插槽，则和其他插槽的差别更明显，Socket T以接点的方式来设计。

Socket T插槽

未安装CPU 时的LGA 775插槽

Socket 478插槽

2. 认识主板外观

只有了解主板上各种接口的用处，才不会在选购时弄错。下面以ASUS（华硕）的PSAD2 Premium LGA 775主板为例，认识主板的外观与组成。首先介绍主板的周边连接口。

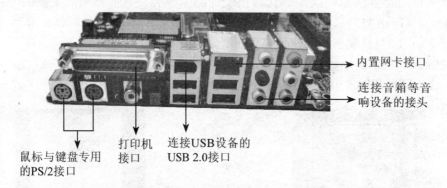

内置网卡接口

连接音箱等音响设备的接头

鼠标与键盘专用的PS/2接口

打印机接口

连接USB设备的USB 2.0接口

另外请特别留意，一些集成主板会有其他的连接口，如内置显卡的主板通常会在音响接头附近，增加一个用于连接显示器的显卡接口；又如内置网卡的主板，通常在后置USB接口旁边增加一个网线插槽。

再看一看主板为了连接内部硬件所提供的各式插槽。

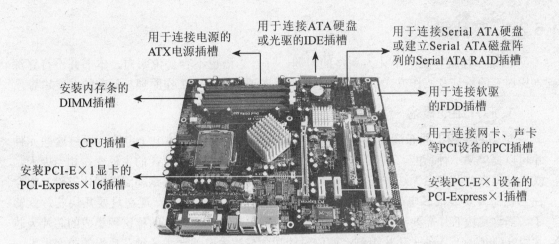

用于连接电源的
ATX电源插槽

用于连接ATA硬盘
或光驱的IDE插槽

用于连接Serial ATA硬盘
或建立Serial ATA磁盘阵
列的Serial ATA RAID插槽

安装内存条的
DIMM插槽

用于连接软驱
的FDD插槽

CPU插槽

用于连接网卡、声卡
等PCI设备的PCI插槽

安装PCI-E×1显卡的
PCI-Express×16插槽

安装PCI-E×1设备的
PCI-Express×1插槽

除了插槽之外，主板上还有一块电池及其他大大小小的芯片。

BIOS水银电池，主板断电后由其
供电，以保证系统时间的正确

南桥芯片，通常被散热片盖住了，控制主板
外围I/O（Input/Output）设备的输入输出

北桥芯片，控制计算机中数据的传输与储存

SiS 651芯片组

补充说明

BIOS是Basic Input Output System的缩写，中译名为基本输入输出系统，是开机、设
备检查、硬件系统初始化的基本程序结构。

6.2 主板规格详解

大致认识主板内部硬件及其功能后，本节将进一步讲解这些硬件的规格与特性。

6.2.1 芯片组

何谓芯片组？是一个让人头疼的问题，三言二语也不容易说明白，本书并不打算深入探讨它的原理及工作方式，本节将把重点放在说明芯片组工作原理与目前的发展趋势。

1. 芯片组的概念

早期的主板上面布满许多的电阻、电容、IC芯片与复杂的电子电路，通过这些元件才可以提供某一种功能。但是随着需求的增加，通过这些元件设计的主板变得相当庞大，既无法提高普及率也无法降低成本。半导体技术的发展让电子电路朝着微型化发展。如今在当初需要安装很多电子元件才可以提供某些功能的电子电路，现在只要几块芯片就够了。当这几块芯片需要同时用在一个主板上以提供某种功能时，便称这种集成的芯片为芯片组（Chipset）。各大芯片组制造商的设计观念与技术有差异，各种芯片组的效率也不一样，连带影响到主板的效率。早期有多家生产芯片组的厂家，但是经过市场激烈的优胜劣汰竞争，如今存活下来的只有Intel、nVIDIA、SIS、VIA、AMD等知名厂商。

2. 芯片组的工作方式

芯片组如何工作？下图简单解说芯片组的工作方式。

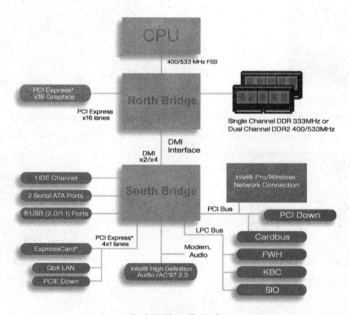

芯片组的工作方式

简单来说，芯片组就是负责管理主板上的所有周边硬件之间的沟通与控制的工作。至于主板上的北桥芯片（North Bridge）与南桥芯片（South Bridge）则各自负责自己范围内的工作，并且相辅相成、紧密联系。

芯片组	掌控的硬件
北桥芯片	CPU、内存条、AGP等高速设备
南桥芯片	PCI、USB、I/OPort IDE等低速设备，以及BIOS、音响、网络等外接设备

3.芯片组种类

芯片组的地位如此重要，生产商自然不会放弃这个领域的开发，最初由于技术资金等因素的限制，只有Intel、AMD、VIA、SiS等几家厂家有实力开发芯片组，但由于技术的更新与进步、生产成本降低，目前已经有更多厂家进入这个领域，如ATI、nVIDIA等厂家，它们的研发实力不容小觑，质量也毫不逊色。目前芯片组市场的阵容非常庞大，限于篇幅无法详细说明，本章6.3节会进一步介绍目前的芯片组类型与特性，读者若有兴趣不妨直接跳读6.3节内容。

6.2.2 CPU插槽

读者应该还记得前面曾经介绍过的主板与CPU的关系吧！不同的主板需要安装对应的CPU类型和品牌，因此下面首先来认识主板的CPU插槽。

Socket T，大多数计算机Intel Pentium 4以及
Pentium D和Conrone系列CPU首选的接点式插槽

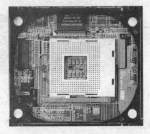

Socket 478是Intel Celeron D专用的插槽

AMD CPU依据针脚的多寡，各自搭配
Socket 939/754/462等插槽

479 针脚Socket-M插槽

下表列出目前主流的主板插槽与对应的CPU。

生产厂家	CPU插槽	CPU针脚（接点）数	对应的CPU
Intel	Socket	771	LGA封装之Dempsey核心的Xeon 5000系列、Woodcrest核心的Xeon 5100系列
	Socket T	775	LGA 775封装之Pentium 4、Celeron D、Pentium D和Conrone双核系列
	Socket 478	478	mPGA 478封装之Pentium 4、Celeron D、Celeron
AMD	Socket AM2	940	Sempron、Athlon 64、Athlon 64 X2、Athlon 64 X2（全系列）
	Socket 939	939	Athlo n 64、Athlon 64 X2（双核）、（OPGA 939结构）
	Socket754	754	Athlon 64、Sempron（OPGA 754结构）
	Socket A	462	Sempron、Athlon XP（OPGA 462结构）

6.2.3 内存条插槽

新一代的主板目前已经全面支持DDR 2内存条，当然是搭配240-Pin针脚、1.8V的DDR 2 DIMM内存条插槽。

DDR 2 DIMM内存条插槽 ←

但目前技术已经相当成熟的DDR标准仍广为使用，它采用180-Pin针脚的2.5V DDR DIMM插槽，仍然是低端市场的主流。

→ DDR DIMM内存条插槽

下表针对内存条插槽的新旧标准做一番比较：

内存条插槽规格	内存条类型	针脚数目	电压
DDR DIMM	DDR SDRAM	184	2.5V
DIMM	DDRII SDRAM	240	1.8V

从外观上很难区分这两种DIMM插槽的差异，但仔细辨认会发现两点不同。

- DDR 2 DIMM插槽两侧的针孔比DDR DIMM多出56个针孔。
- DDR 2 DIMM插槽的防接反设计与DDR DIMM插槽的防接反设计也不一样。

双通道技术

很多主板的说明手册上会特别强调内存条的双通道技术（Dual Channel Memory）。何谓双通道技术呢？

其实双通道技术就是在两组不同通道（Channel）的内存条插槽上，安装成对的DDR或DDR 2内存条。此作法可以在单位时间内同步存取数据，传送速度与存取的频宽都变成两倍。

如果已备妥两条同频率的DDR 333的内存条，并且主板支持双通道功能，可以按照双通道的插法安装内存条，结果就是整体效率等于一条DDR 667的效率。

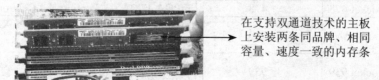

→ 在支持双通道技术的主板上安装两条同品牌、相同容量、速度一致的内存条

6.2.4 显卡插槽——PCI-E与AGP

通常一提到计算机的显卡插槽，一般人会联想到主板上的AGP（Accelerated Graphics Port，加速图形连接端口）插槽，但自从新标准的PCI-E（PCI-Express）插槽问世之后，AGP插槽渐渐退出主流市场了。PCI-E是PCI标准的升级，最早PCI总线的传输速度只有133MB/s，而PCI-E单向传输速度可达到4GB/s，双向传输甚至高达8GB/s的全双向工作模式。

将取代AGP接口成为显卡插槽新接口标准的PCI-E接口

但目前AGP仍然很普及，这多半是因为有一部分无需升级计算机的家庭用户，另外就是存在无法使用PCI-E接口显卡的用户。

旧计算机依然使用的AGP插槽

下表列出了两种不同接口的显卡插槽之间的区别。

口规格	针脚数	频宽（bits）	工作频率（MHz）	总传输速度（GB/s）
AGP×8	132	32	66	2.1
PCI-E×16	164	32/64	100	8

PCI-E技术解析

首先必须声明一点，PCI-E并不是AGP技术的升级，PCI-E是更新于PCI技术的一种全新规格，它与AGP技术不兼容，也并不是为取代AGP技术而出现的。

PCI-E技术是由Intel主导的第三代（3GIO）通用型总线标准，PCI-E具备以下特性：

- **高传输速度**：PCI-E最低具备单向250MB/s、双向500MB/s的速度（×1规格）；最高可达16GB/s的传输速度，因此它是目前各种接口都无法取代的。

- **×1～×32频宽**：PCI-E的数据传输频宽称为管线或通道（Lane），它可以在×1、×2、×4、×8、×16、×32等频宽下运行，因此这种技术的应用会相当广泛。目前很多主板都内置有PCI-E×1接口，提供今后PCI-E×1接口的设备使用。

这是PCI-E×1接口，它比PCI-E×16接口短小多了，不过它的传输速度并不慢，通常PCI-E×1接口在主板上会离PCI-E×16接口很近

下表是目前不同标准PCI-E接口之间的传输速度与通道数：

规格	PCI-E×1	PCI-E×2	PCI-E×4	PCI-E×8	PCI-E×16	PCI-E×32
每秒传输速度（单/双）	250/500	500/1,000	1/2GB	2/4GB	4/8GB	8/16GB
通道数	1条	2条	4条	8条	16条	32条

- **与目前PCI结构的兼容性**：由于PCI-E与PCI在软件层面上完全兼容，因此目前很多软件不用修改，就可以继续在PCI-Express平台上运行。
- **点对点（Peer-to-Peer）、序列式（Serial）连结**：在PCI-Express结构下，计算机中每一种装置都有其独立的传输通道（Lane）；这样就不会像PCI采用共同的总线结构造成信号干扰故障，同时也进一步提高传输速度。

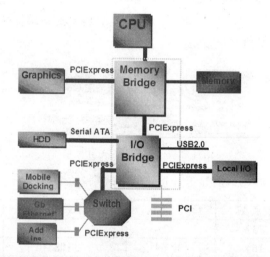

PCI-E采用全新的序列传输结构，不再与其他装置分享频宽

6.2.5 SATA硬盘插槽——Serial ATA

计算机储存设备经过多次变革，都只是在着重加快传输速度，而目前SATA接口则是新一代储存设备的重大变革，它不但改变原有的IDE连接接口，同时具备150MB/s以上的传输速度，并减少针脚数（只有7Pins）、降低使用电压（只有3.3V的低电压）。

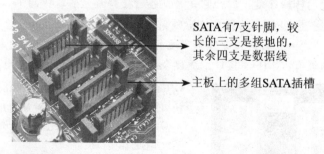

SATA有7支针脚，较长的三支是接地的，其余四支是数据线

主板上的多组SATA插槽

Serial ATA技术解析

首先回顾目前仍然广泛使用的IDE接口。

IDE接口的数据线采用40Pins的设计，因此称之为并列式（Parallel ATA），这种设计

方式的线路宽度会造成散热不佳，并且由于数据线长度限定在46cm以内，传输存在瓶颈问题，传输速度也无法往上继续提高，这些促成了SATA的问世。

IDE硬盘专用的数据线

SATA硬盘专用数据线

SATA硬盘出现后，弥补了上述IDE硬盘的缺陷，增加许多特色：

- 提供高达150MB/s以上的传输速度。
- 数据线最长可达一公尺。
- 采用8线、7Pins的数据线路，降低制造成本。
- 支持点对点连接、不需要调整硬盘主从（Master/Slave）设置。
- 支持热插拔技术。
- 采用3.3V的低电压供电。

这些特色功能让SATA比IDE更具有竞争力，同时下一代的SATA技术将传输速度提高到600MB/s。也就是说，一眨眼的功夫一张CD光盘就可以复制完成。当然这只是理论上的速度，实际应用时会有很多因素限制而无法达到理想的传输速度。

下表简单比较SATA的三代规格标准：

规格	第一代SATA	第二代SATA	第三代SATA
速度	1×	2×	4×
数据频宽	150MB/s	300MB/s	600MB/s

6.2.6 PATA硬盘插槽（IDE）与软驱插槽（FDD）

虽然上一节提到目前的主流储存设备SATA，但目前还有很多人在使用IDE接口硬盘，因此仍然有必要了解一下关于IDE接口的知识。基本上较早的主板都提供两个IDE接口。

旧式的标准主板有两个IDE接口，可连接四个IDE设备 ←

另外，主板的印刷电路板上通常会标示IDE1、IDE2或者Primary IDE、Secondary IDE，其中IDE1或Primary IDE表示第一个IDE设备通道，而IDE2或Secondary IDE则表示第二个IDE通道。

细心观察，会发现在IDE接口上的一侧有一个缺口，这是一种防接反设计，可以帮助用户将IDE数据线正确连接到插槽中。

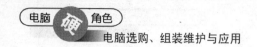

在IDE接口旁边还有一个连接软驱的FDD接口。FDD接口是沿用自DOS系统时代的老式规格，直到目前仍然可以派上用场，因为当出现计算机故障而无法进入系统故障时，可以通过软驱开机修复系统（光驱也有开机的功能）。由于软盘技术已经停止发展，因此至今主板仍然采用最初的FDD技术。

IDE接口的防接
反设计缺口

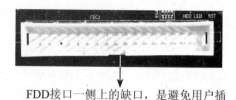

FDD接口一侧上的缺口，是避免用户插错数据线造成针脚损坏的防接反设计

6.2.7　电源插槽

电源插槽是连接电源（Power Supply）的接口，电源可提供足够和稳定的电流给主板上的硬件。电源插槽又分为两种，一种是ATX主电源插槽，为20-Pin针脚设计；另外一种是+12V的电源插槽，为4-Pin针脚设计。老式主板通常都使用20-Pin针脚设计。

但目前Intel 9xx系列的主板已改用24-Pin针脚设计的电源插槽。这种设计是为了顺应主板对电源越来越高的功率需求，但仍保留4-Pin针脚+12V的电源插槽，并且这种主板要求电源功率至少在300W。

20-Pin针脚设计

Intel 915 PNG主板采用24-Pin针脚设计的电源插槽

24-Pin针脚设计的电源插槽依然兼容20-Pin针脚的电源接头，这主要是考虑到目前有很多人沿用20-Pin针脚的电源。不过为了提供更稳定的电源，Intel 9xx系列主板在+12V电源插槽旁边增加一个4-Pin的电源插槽，让电源多出来的四针插头，可以连接4-Pin的电源插槽提供电源给CPU。

4-Pin的电源插槽

6.2.8 风扇插槽

CPU风扇插槽是由4-Pin针脚构成的，这种4-Pin的风扇插槽还有一个特点是可以监视风扇转速，方便用户在无需开启机箱的前提下，随时掌握CPU风扇的运行状态。

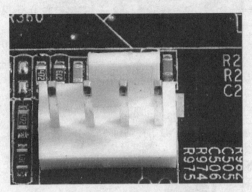

主板上的4-Pin CPU风扇插槽

另外，一些主板的北桥芯片旁边会再增加一个插槽，目的是为了供电给北桥芯片上的风扇，不过这要看北桥芯片上面是否附有风扇，通常北桥芯片会加散热片。

部分改用散热风扇来加速散热，此时也需要风扇插槽

6.2.9 机箱面板插槽

主板上通常会有一组双排、20针脚的插座，这就是所谓的前面板（Front Panel）插座。

前面板插座，此插座的详细插法请参考本书第27章

前面板插座的作用是连接机箱各种指示灯与控制按钮，可以想象当用户按下前面板的Power键会启动计算机，按下Reset键则重启计算机，这些动作都是通过前面板插座来传达的。其实前面板的插座就是提供机箱面板各种信号灯和按钮的连接插座，只有正确的插入这些连接线，计算机才会正常启动！

在主板的背面有一些用于连接外接设备的插槽，这里面包括键盘插槽、鼠标插槽、打印机插槽、USB设备插槽、网线插槽、音箱插槽、COM接口设备插槽。

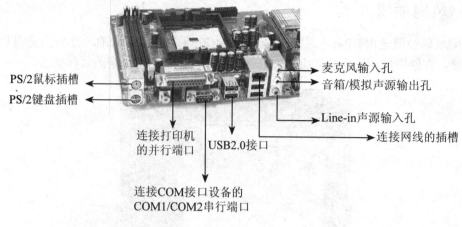

PS/2鼠标插槽
PS/2键盘插槽
麦克风输入孔
音箱/模拟声源输出孔
Line-in声源输入孔
连接打印机的并行端口
USB2.0接口
连接网线的插槽
连接COM接口设备的COM1/COM2串行端口

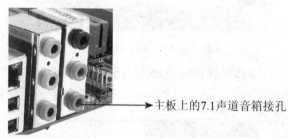

主板上的7.1声道音箱接孔

其实各主板厂家设计的I/O背板都不相同，例如：部分主板内置有7.1声道的音箱接孔等。下面再解说这些连接端口的功能和使用方法。

- **PS/2鼠标与键盘插槽**：顾名思义，键盘与鼠标分别安装在这两个插槽，但不能混插。其实很好辨认，只要将键盘、鼠标的接头颜色对应PS/2插槽的颜色即可。

- **打印机并行端口**：除了打印机，早期的扫描仪等设备也会用到并行端口，但是随着打印机/扫描仪等装置改用USB接口后，并行端口已经很少派上用场，不过较早期的打印机依然需要它。

- **COM1/COM2串行端口**：最早COM1/COM2串行端口是给鼠标、手写装置或调制解调器使用的，不过现在这些设备都改用USB接口，所以目前已经少有家用设备再使用这个接口。不过一些大楼对讲机或安全监控中心等设备，仍然需要使用这个配置接口。

- **音箱/模拟声源输出孔**：目前多数主板都有内置声卡，因此无需另外购买声卡，只要将音箱、麦克风等插入声源输出孔即可，音响芯片会将处理后的信息转换为声音信息，并通过声源输出孔传送至音箱或耳机。

- **声音输入孔**：它是用来连接音响、**CD Player**、收音机等周边声源装置，会将声音传送到计算机加以处理。

- **麦克风输入孔**：如果打算通过网络与他人在线聊天，就可以将麦克风设备插入麦克风输入孔。

- **网线插槽**：用来连接网线。只有通过它连接网线并完成相关设置，才可以顺利连上网络。

- **USB插槽**：这是目前外围设备使用最广泛的插槽。原因在于USB兼容许多多周边装置，并且传输速度快，可以通过它连接光驱、鼠标、键盘、扫描仪、游戏杆、外接硬盘等。

6.2.10　BIOS芯片

BIOS是Basic Input Output System（基本输入输出系统）的缩写，它是电脑开机后运行的第一个程序，主要负责系统POST（Power On Self Test，开机自检）程序、系统的初始化程序、硬件参数修改程序（由内置于BIOS中的CMOS程序负责）。

主板上的BIOS芯片

启动计算机或重启计算机时，在显示器开始显示后，只要按下Del键就可以进入CMOS的设置界面。要注意，如果按得太晚，一旦计算机进入系统后，就只能重启计算机了再试一次了。进入后，可以用方向键移动光标来选择CMOS设置接口上的选项，然后按Enter键进入副选项，用Esc键来返回主菜单，再用Page Up和Page Down键来选择具体选项，最后按下F10功能键保存并退出BIOS设置。

按下Del键，显示器上的显示

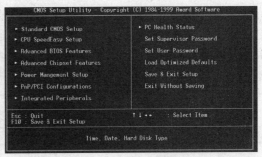

进入CMOS后的界面

为了适应不断出现的新硬件规格与要求，BIOS也必须时时更新，因此主板普遍使用一种叫做FlashROM的储存BIOS。如果想更新BIOS，可直接到BIOS厂家官方网站下载更新程序。

6.2.11　CMOS电池

计算机将一些参数设置（如时间等）储存在BIOS中，由于时间处于经常性变化状态，因此必须保证BIOS中的时间数据可以自动更新，但用户关闭计算机后主板也就停止供电了，因此厂家在设计主板的过程中会加入一块电池，以供电给关闭计算机后的CMOS。

主板上的CMOS电池

同时，CMOS电池可以保证CMOS中的硬件参数设置不会丢失，或保证能够恢复到出厂状态。早期的CMOS电池是可充电电池，计算机关机后则由CMOS电池对BIOS供电，开机后主板会对COMS电池持续充电，但近年来主板已改用不可充电的锂电池取代可充电的镍镉电池。

6.3 主板、芯片组综述

前面已大致提到主板芯片组的概念、功能与作用，因此本节将详细阐述芯片组的类型、芯片组与主板之间的关系以及南桥芯片与北桥芯片的关联。

1. 主板和芯片组的关系

主板上的芯片都已集成为芯片组，可以说主板提供的功能都源于芯片组。但是一些生产主板大厂家为了在激烈的市场竞争中占得一席之地，往往为主板增加更多的功能，即主板制造商会通过自行开发将合适的芯片组内置于主板以扩充功能吸引更多消费者。另一方面，部分主板厂家会去除一些芯片组功能，将这种主板产品定位在低端市场，以抢占低端市场这块大饼；因此消费者可能会感觉到两款相同芯片组的主板的价差进而决定选购，当然主板功能的多寡就不在考虑之列。

举个典型的例子，相同芯片组可提供4个DIMM接口并支持4GB的内存条，但厂家为了降低成本将主板设计成2个DIMM接口。现在假设一个DIMM接口只支持最高1GB的内存条，那么用户的计算机最多也只允许安装2GB的内存条了。

2. 南北桥通道互联

最初主板上的南北桥是通过PCI总线相互通信，但随着通过各种连接装置连接起来的硬件之间数据传输速度越来越快，这种通信的弊端就慢慢浮现出来，存在的瓶颈问题迫使制造商开发具有独立通道的南北桥通信模式。下表简单说明了各大厂家研发的芯片组的通道技术：

厂家名称	通道技术	传输频宽（MB/s）
Intel	Hub Architecture	266
AMD/ULi/nVIDIA	Hyper Transport	1,000
VIA	8×V-Link	533
	Ultra V-Link	1,066
SiS	MuTIOL（Multi-Threaded I/O Link）	1,066

通过上表大致了解芯片组的通道技术后，下面将以CPU为例分别介绍各芯片组厂家的主打产品。

6.3.1 LGA775专用芯片组

Intel公司在2004年8月份正式发布新一代LGA 775 Pentium 4 处理器后提出一个全新的结构，这就是9xx规格的系列平台。到了2007年，9xx系列已发展到975芯片组，但是它的结构仍沿用老式的标准，其中945、965和975芯片组配上LGA 775后，都是可以用来插双核的CPU。支持775针脚的芯片组又有Intel、VIA、SiS、ULi、ATI等等，其技术也已经相当成熟。

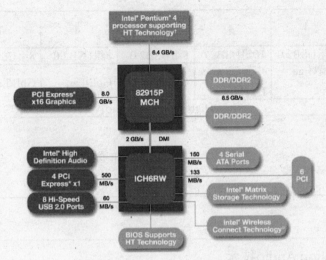

从9xx系列芯片组结构平面图可以看出所有的老式标准仍沿用至今

Intel在这个新结构中，除了CPU采用LGA 775结构设计外，在9xx系列芯片组中引用了多项新规格，例如：

- 可支持高达800/1,066MHz的系统总线频宽。
- 正式支持PCI-Express × 16的显卡接口标准。
- 正式支持DDRII SDRAM的内存条。
- 正式支持全新的储存设备接口Serial ATA连接端口。
- 同时还提供PCI-E × 1插槽、USB2.0、High Definition Audio（7.1声道音响）、GbE 高速网络、无线网络结构等目前已成为主流的新技术标准。

下表列出了9xx系列各芯片组的新技术。

芯片组名称	Q965	G965	925XE	925X	915G	915P
北桥芯片	GMAX3000	GMA3000	82925XE	82925X	82915G	82915P
系统总线（MHz）	1066/800/533	1066/800/533	1,066/800	800	800/533	800/533
ECC支持	否	否	否	是	否	否
显示接口/插槽	PCI-Express ×16	PCI-Express ×16	PCI-Express ×16	PCI-Express ×16	PCI-Express ×16	PCI-Express ×16
内置绘图芯片	Intel GMA 绘图核心	Intel GMA 绘图核心	无	无	Intel Graphics Media Accelerator 900	无
南桥芯片	ICH8/8R/8DH		I/O Controller Hub 6（ICH 6）系列			
SATA接口	4组SATA 150接口	4组SATA 150接口	4组SATA 150接口	4组SATA 150接口	4组SATA 150接口	4组SATA 150接口
内存条结构/种类	双通道DDR II 800	双通道DDR II 800	双通道DDR II 533	双通道DDR II 533	双通道DDR II 533 双通道DDR 400	双通道DDR II 533 双通道DDR 400

最大内存条容量（GB）	4	4	4	4	4	4
USB接口	10组USB2.0	10组USB2.0	8组USB2.0	8组USB2.0	8组USB2.0	8组USB2.0
网络接口	内置Giga Lan	内置Giga Lan	GbE/Lan	GbE/Lan	GbE/Lan	GbE/Lan
音响接口	IntelHighDefinitionAudio（7.1声道）、AC'97					
Matrix Storage Technology 技术	可搭配ICH 6R或ICH 6RW					

补充说明

High Definition Audio技术

High Definition Audio通常简称为HD Audio，原代号为Azalia，它是Intel与周边厂家提出来的新一代音响规格，有以下特点：

● 高质量声音输出

大幅提高数据传输频宽，并提供高达32bit、192KHz多声道输出，较诸AC′97的20bit、96KHz，更能提供低失真的音响输出。

● Dolby Pro Logic IIx技术

该技术可提供8声道的声音输出，令环场音响更真实。

● 双重通道音响技术

可同时播放2个声音串流（Audio stream），这意味着用户可以同时听到两种不相关的声音输出。

● 高质量麦克风输入信息

支持多通道数组麦克风（Multi-channel array microphone），可减少杂音、提高信息输入质量。

● 使用微软驱动程序

由微软提供的驱动程序，有助于提高系统兼容性，避免不良驱动程序影响系统整体稳定性。

● Matrix Storage Technology技术

Matrix Storage Technology 技术是Intel在ICH6南桥芯片支持的RAID技术，Matrix RAID可以在两块硬盘上架设RAID0与RAID1，保证了自动将其中一块硬盘数据同步备份到另一块硬盘，避免因一块硬盘物理损坏造成数据丢失的问题，而且比以往四块硬盘才能架设的RAID0与RAID1数组，具有更低的成本。

1. Intel 945/965芯片组

2006年Intel Conroe和Core 2 Duo的发布，象征CPU正式进入新一代的双核处理器领域。比起Pentium（奔腾）系列来它们具有更高的稳定性和性价比。它采用新的结构、低功耗，根据非官方测试结果性能它比Pentium强40%、省电40%，未来将逐渐取代Pentium和Celeron。

945系列虽是原有的芯片组产品，但经过供电升级后依然可以支持Conroe，其中945P可支持到1 066MHz FSB，而945PL则仅支持800MHz，两者占了中端市场的半壁江山。

为了配合2007已经开始零售的Windows Vista，Intel计划全面终结865、915系列芯片组，同时在2007上半年大力推广965系列。965系列是继975系列芯片组成为Conroe处理器的最佳搭档后，在2006年6月推出，针对Core 2 Duo系列台式计算机处理器，代号为Broadwater。965系列芯片组包括：Q965、G965、P965。965芯片组内置Intel的GMA绘图核心，支持1066/800/533系统总线（System Bus），支持双通道技术DDR（除P965内存条仅支持到DDR II 667/533外，965芯片组都可支持DDR II 800内存条，并搭配Intel fast memory access Technology），支持超高频宽的处理器核心与北桥芯片、北桥芯片与PCI-EX 16显卡、北桥芯片与双通道DDR II内存模块之间的数据交换，并且内置Giga Lan支持Gigabit网络，支持Serial ATA接口。

下表是同样定位高端市场G965和Q965的比较。

G965（GMAX3000）	Q965（GMA3000）
核心频率667MHz	核心频率未定
16/32bit全精准浮点操作	16/32bit固定浮点操作
最多8个渲染目标	最多8个渲染目标
啮合查询（Occlusion Query）	啮合查询（Occlusion Query）
128bit浮点纹理格式	128bit浮点纹理格式
双线性、三线性、各向异性多纹理映像过滤	双线性、三线性、各向异性多纹理映像过滤
DirectX9.0c/10	DirectX9.0c
OpenGL1.5	OpenGL1.4
硬件支持Vertex Shader 3.0	软件Vertex Shader 2.0/3.0
硬件支持Pixel Shader 3.0	硬件Pixel Shader 2.0

Intel专门为自家Core 2 Duo CPU产品设计的965系列芯片组，它功能强大、效率卓越，自然大受玩家的欢迎。

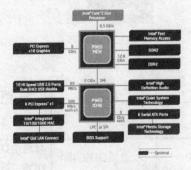

搭配965芯片组的结构

搭配965芯片组的CPU

下表是Intel Core 2系列的CPU参数比较。

Core2 Extreme X6800	2933MHz	11x	266MHz(1066QDR)	4MB
Core2 Duo E6700	2666MHz	10x	266MHz(1066QDR)	4MB
Core2 Duo E6600	2400MHz	9x	266MHz(1066QDR)	4MB
Core2 Duo E6400	2133MHz	8x	266MHz(1066QDR)	2MB
Core2 Duo E6300	11866MHz	7x	266MHz(1066QDR)	2MB

其实，芯片组965也只是一个过渡产品，在今年（2007）的二、三季，届时G33、G35、Q33、Q35、P35、X38等六款新一代芯片组将陆续登场。

2. VIA系列芯片组

目前VIA将产品改为PT系列，并同时支持Pentium4系列CPU的800MHz外频。

VIA目前已开发的芯片组系列有：PT800、PT880、PT890三大系列。

全新的PT8xx系列芯片组都可搭配VT8237南桥芯片，除了有高达1GB/s的南北桥频宽之外，还提供8组USB2.0、RAID0/1/0+1、最多支持6块硬盘（ATA/133+SATA接口）的连接能力。

VIA PT800为首款支持800外频、HT技术、DDR 400的北桥芯片   VT8237南桥芯片

VIA推出的PT890系列芯片是为了支持Intel 915的芯片组平台，PT890支持PCI-Express×1与×16规格，同时兼容Dual DDR与DDR II。南桥芯片方面，PT890将搭配VT8251南桥芯片，提供内置的2组PCI Express×1插槽、4组SATA/150端口、GbEthernet高速网络接口、8声道音响等多项功能。

PT890系列北桥芯片   VT8251南桥芯片

下表列出VIA目前所有芯片组的产品规格。

芯片组编号	P4×400	PT800	PT880	PT890
系统总线最高速度（MHz）	533	800	800	800
搭配的内存条（最高667）	DDR333	DDR400	双通道DDR 400	双通道DDR 400、DDR 2标准

（续表）

最高内存条容量（GB）	4	8	8	8
支持HT功能	无	无	有	有
显卡插槽	AGP 8×	AGP 8×	AGP 8×	PCI-E 16×
搭配的南桥芯片	VT8235	VT8235	VT8237	VT8237

3. SiS系列芯片组

SiS（硅统科技）在Pentium 4/Celeron平台上都有其自行研发的芯片组。SiS目前已经有655/656系列独立型北桥芯片组，在南桥芯片组方面则有963、964、965系列。

655系列北桥芯片组

963系列南桥芯片组

随后由于一系列如PCI-E、DDR II等新技术标准的出现，SiS接着也推出656独立芯片组，南桥芯片组方面则推出SiS965系列芯片组，它不但提供4接口SATA/150、8组USB 2.0，同时还支持11Mbps的802.11b无线网络标准。

SiS 656北桥芯片组

965系列南桥芯片组

下表列出SiS目前主要芯片组的产品规格：

芯片组编号	655TX	661FX	656
系统总线最高速度（MHz）	800	800	800
搭配的内存条	双通道DDR 400	DDR 400	双通道DDR 400 双通道DDR II 667
最高内存条容量（GB）	4	3	4
支持的HT功能	有	有	有
显卡插槽	AGP8×	AGP8×	PCI-E
内置显示功能	无	SiS Mirage绘图核心	无
搭配的南桥芯片	964	964	965

6.3.2　AMD K8系列芯片组——64位平台芯片组

AMD在推出64位结构后，各家芯片组厂家也纷纷推出搭配AMD 64位CPU的芯片组产品。

1. VIA-K8M/K8T系列芯片组

VIA针对K8平台共推出K8T800、K8T800Pro以及内置显示功能的K8M800芯片组。

K8T800是VIA支持全系列K8 CPU的芯片组，搭配VT8237南桥芯片；K8T800Pro则提供更高的系统总线速度与南北桥通道速度

下表列出VIA针对K8平台推出的芯片组规格。

芯片组编号	K8T800	K8T800Pro	K8M800
系统总线最高速度（MHz）	800	1000	800
搭配的内存条	由支持的CPU决定	由支持的CPU决定	由支持的CPU决定
最高内存条容量（GB）	由支持的CPU决定	由支持的CPU决定	由支持的CPU决定
显卡插槽	AGP8X		
搭配的南桥芯片	VT8237		

2. nVIDIA-nForce4/nForce3系列芯片组

nVIDIA凭借着经典的nForce2芯片组奠定了AMD平台上的地位后，在AMD平台上的出色表现便广为人知。从略显疲态的nForce3芯片组到针对AMD 939/754的K8 CPU nForce4系列芯片组，nVIDIA在取得胜利后便一路顺利，取得AMD平台的大部分市场。以下简单介绍nVIDIA的nForce4系列芯片组的特性。

nVIDIA的nForce4系列芯片组支持PCI-E、Hyper Transport总线结构；支持SATA Ⅱ/300连接端口，这为SATA Ⅱ硬盘标准打下了基础，同时也为购买按此标准配备的主板用户的系统升级省下了一笔不小的开支。除了上述原因外，nForce4系列芯片组还支持Gb Ethernet高速网络、RAID0、1、0+1等结构以及Firewall网络防护等功能。

nForce3系列芯片组 nForce4系列芯片组

AMD AM2平台的芯片组

3. AMD AM2平台的芯片组

AMD在2006年5月23日发布AM2处理器系列：Socket AM2。由于AMD处理器是采用内置内存结构，虽然Socket AM2处理器专门支持DDR Ⅱ内存，但对芯片组并没有什么影响，加上Hyper Transport仍然保持1GHz、16Bit速度，因此AMD表示原来支持K8的芯片组可直接支持Socket AM2处理器。但如果没有芯片组的支持，AMD也会面临"难为无米之

炊"的困境。

从nForce4开始AMD便采取与nVIDIA一同发布处理器和主板芯片组的策略。这次也不例外，在AMD发布Socket AM2处理器后，nVIDIA也随即推出代号为MCP55的nForce500的新一代主板芯片组，它们是定位在高端市场的nForce 590SLI芯片组，定位在主流家用市场nForce 570的芯片组和定位在低端市场的nForce550芯片组。

（1）nForce 590SLI芯片组

高端的nForce 590SLI定位在图形工作站、服务器和发烧玩家市场。nForce 590SLI采用SPP+MCP的双芯片配置，MCP与SPP通过1GHz、16bit的Hyper Transport总线连接，SPP与Socket AM2处理器相连，两个PCI-Ex16接口则分别连接至MCP和SPP，这样的配置可以为两块显卡之间提供10Gbps的传输频宽，同时提供总线超频能力。

nForce 590SLI更配备了许多新技术，包括Link Boost自动超频技术、Meta Shield技术、First Packet服务质量技术以及Dual Net硬件层面的双网卡互联技术等，但Active Armor已经取消掉了，芯片组虽然仍具备TCP/IP减负引擎，但与第三方防火墙软件不兼容。

（2）nForce 570芯片组

定位在主流家用市场代号为MCP55 Ultra的nForce 570分为SLI和Ultra两个版本，具备nForce590的基本规格，都采用单芯片配置，都不支持Link Boost技术，但nForce 570SLISLI版本支持SLI技术，而Ultra版本不支持。

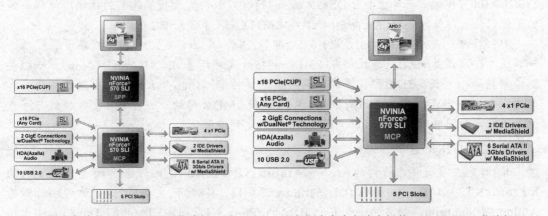

定位为高端的nForce 590SLI芯片组　　　　定位为家庭主流市场的nForce 570SLI芯片组

（3）nForce 550芯片组

代号为MCP55S的nForce550定位在低端市场，支持Socket AM2接口的Sempron处理器和支持SATA II，只支持4个SATA设备，因此不支持nForce 500系列的双模RAID功能。同时，不支持Link Boost、First Packet这些新功能，更糟糕的是芯片内置的Gigabit Ethernet MAC减少到一个，因此连Dual Net、Teaming也都无法支持。仅有的优点就是支持Socket AM2接口的Sempron处理器和支持SATA II为玩家提供了廉价的选择，nForce 550在本质上相当于nForce 44x。

针对新的AM2处理器，nForce4和C51G是目前市面上的热门产品，主板厂家只要对产品稍作修改即可推出新产品，这种产品成熟稳定而且价格也很容易让人接受。

AM2处理器迫使AMD统一了所有的K8处理器接口，用户不必再担心因为升级计算机而必须丢弃处理器或者主板：因为目前所有采用AM2接口的K8处理器都支持高频率、高频宽的DDR II内存条，最高可支持800MHz。再者，比起以往的754/939的K8处理器，这次采用AM2接口的K8处理器，除了全部支持Cool&Quiet省电技术和NXbit防病毒技术之外，Athlon 64 FX、Athlon 64 X2和单核的Athlon 64都具备"Pacifica"虚拟技术，支持双操作系统运行。

除了nVIDIA芯片组外，ATI也支持AM2处理器，有代号为RD580的Xpress 3200芯片组，代号为RD580的Xpress 3200芯片组以及集成X300显示核心的Radeon Xpress1100和Radeon Xpress1150（区别在于前者的X300核心频率为300MHz，而后者X1150的核心频率是400MHz）。

SiS的SiS756和SiS761GX（集成Mirage显示核心）和前面介绍VIA的K8T900、K8M890（集成UniChromeProIGP的图形核心）也都支持AM2处理器，在此不再一一介绍。

在大致了解主板上那些林林总总的硬件设备后，你是否还对主板感到陌生呢？原来计算机硬件不过就是这么一回事，接下来将对硬盘与软驱做一个巡礼。

补充说明

● 鲜为人知的K6平台

K6时代要从1997年4月开始算起，AMD推出了自己研发的新产品K系列CPU，一共有五种频率，它们分别是：166/200/233/266/300，都采用66外频。但是后来推出的233/266/300可以通过升级主板BIOS的方式支持100外频，大幅提高CPU的性能。值得一提的是他们的一级缓冲内存都提高到64KB，比MMX足足多了一倍。

1998年中，AMD正式推出最新K6.2处理器。核心电压都是2.2伏特，发热量比较低，一级缓冲存储器是64KB，并且都内嵌3DNow!指令及超标量MMX功能。3DNow!是一组共21条新指令，可提高3D图形、多媒体与浮点运算性能，强化个人计算机应用程序的运算能力，彻底发挥3D图形加速器的性能。K6.2也使AMD公司的产品首次在整数性能与浮点运算性能方面同时超越对手Intel，首次让Intel感受到威胁！

● K7、K8平台

K7时代主要是462针脚的Athlon/Athlon XP和Duron，比较著名的平台有VIA的KT266、KT333、KT400和nVIDIA的nForce2系列。K8时代主要是754针脚/939针脚的Athlon 64/Sempron，知名的平台有nVIDIA的nForce3/4系列、VIA 的K8T800、K8T880/Pro、K8T890等。所谓K6、K7、K8平台，是指与CPU搭配的芯片组分别对应AMD公司几代的CPU，类似于Intel的Pentium 2、Pentium 3、Pentium 4系列。也可以理解为以AMD K8（64位）为核心的平台。

K8平台的特点是支持64位，并支持SSE、SSE2、SSE3、MMX指令集，内部集成有内存控制器，支持DDR 400，在AM2推出前尚不支持DDR II。

● K9的结局

2004年11月16日，AMD公司正式宣布放弃采用字母"K"为处理器产品命名。自20世纪90年代末期开始推出K系列处理器，包括K6系列和后来的K7（Athlon）和K8（Opteron）处理器，当时是为了对应英特尔"P"命名方式的行销策略。但显然这种命名方式已不合时宜，因此舍弃这种命名方式，往后也不会再出现K8和K9处理器了。

硬盘与软驱

无论是操作系统、驱动程序、应用程序还是用户的个人数据都需要利用硬盘、软盘等储存装置来保存，并随时准备传送到计算机执行、处理。为了让大家顺利选购一款实用合适的硬盘，本章将从外观、规格介绍硬盘，附带也回味一下虽然正濒临淘汰却仍然广泛使用的软驱。

7.1 从外观认识硬盘

硬盘是储存数据的重要设备，它一旦有任何故障，都可能导致数据全部丢失，造成难以挽回的损失。因此，购买一块优质的硬盘，才能使数据有很好的保障。下面我们将从硬盘的外观开始介绍。

外部特征

市面销售的硬盘包装通常是纸盒或塑料盒。打开包装后会看到硬盘的外表包着一块方形的金属铁壳。表面铁壳上贴有产品卷标，侧面是硬盘的传输接口，底部是控制电路板。

选择硬盘的连接方式

磁盘

磁头

数据线插槽

电源线插槽

硬盘的正面　　　　　　　　　　　　　　硬盘的背面

（1）卷标

硬盘的产品卷标会清楚标示硬盘的生产商、产品编号、容量、转速、产地等相关信息，根据卷标内容可以掌握硬盘的基本信息。

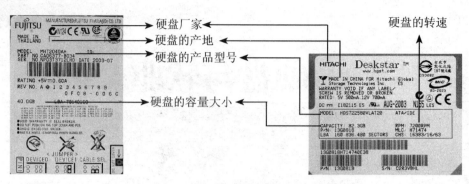

硬盘卷标

下表为市面上知名硬盘品牌的编号规则。

品牌名称	编号规则	编号说明
SEAGATE	ST-X-XXXXX-X （品牌名-尺寸-容量-接口类型）例： ST340016A	ST：表示希捷硬盘 3：表示3.5英寸硬盘 40016：表示容量为40,016MB A：表示ATA接口；如果是SATA接口，以AS表示
Samsung	X-X-XXX-X-X （品牌名-转速-容量-磁头数-接口类型）例： SP8003D	S：表示SpinPoint家族 P：表示7200RPM；V代表5400RPM 800：表示容量为80GB，后面的0省略 D：表示ATA66接口类型；H代表UltraATA100
Western Digital	WD-XXXX-X-X （品牌名-容量-转速及缓存容量接口类型）例：WD1200JB	WD：表示WD硬盘 1200：表示容量为120GB，后面一个0自动省略 J：表示转速及缓存容量，共有3种型号：A代表5400RPM、2MB缓存；B代表7200RPM、2MB缓存；J代表7200RPM、8MB缓存 B：表示外部接口，共有2种选择：A代表ATA66，B代表UltraATA100
HITACHI	IC-XX-X-XXX-XX-XX-XX-X （品牌名+尺寸+硬盘高度+容量+接口类型+系列型号+转速+缓存容量）例：IC25L080AVER040	IC：表示IBM硬盘类型 25：表示硬盘尺寸为2.5英寸；35代表3.5英寸 L：表示硬盘高度为1英寸；T代表0.49英寸；N代表0.37英寸 080：表示硬盘容量为80G；后面的0省略 AV：表示为ATA接口；UW代表为Ultra160SCSI68pinWide接口；UC代表Ultra160SCSI80-pinSCA接口；XW代表Ultra320SCSI68-pinWide接口；XC代表Ultra320SCSI80-pinSCA接口；F2代表FC-AL-2(2Gbit)接口 ER：Deskstar60GXP系列；VA代表Deskstar120GXP系列；V2代表Deskstar180GXP系列 04：表示为4200RPM；05代表5400RPM；07代表7200RPM；10代表10000RPM；15代表15000RPM 0：表示为2MB缓存；1代表为8MB缓存

（续表）

品牌名称	编号规则	编号说明
HLTACHI	HDS+XX+XX+XX+ X+X+XX+X+X （HDS+转速+系列最大 容量+容量+系列+接口+ 缓存容量+保留值） HDS722525VLAT80	HDS：表示为Deskstar系列 72：表示7200RPM；54代表5400RPM；42代表 　4200RPM 25：表示为系列的最大容量 25：表示25G硬盘容量 V：表示7K250系列 L：表示硬盘高度为1英寸；T代表0.49英寸；N代表 　0.37英寸 AT：表示UltraATA100接口；ST代表SerialATA150接口 8：表示2M缓存；2表示2M缓存 0：保留字，暂时为0
Fujitsu	M+X-X-X-X-XXX-X-X （M+硬盘类型+硬盘 高度+容量+接口、转 速及缓存容量） MH2147AT	M：表示OEM产品 H：表示2.5英寸ATA硬盘；A代表3.5英寸硬盘；P代表 　升级换代的数量 2：表示2.5英寸盘片直径；3代表3.5英寸盘片直径 147：代表147G（属于HN16L、V40系列和SCSI类型 　的AL8LE系列才可以） AT：表示PATA硬盘，转速4200RPM，UltraATA100接 　口类型，缓存容量为2M AH：代表PATA，转速5 400RPM，UltraATA100，快 　取容量为8M BT：代表SATA，转速4,200RPM，缓存容量为8M BH：代表SATA，转速5,400RPM，缓存容量为8M MP：代表Ultra160SCS，针脚68PIN MC：代表Ultra160SCSI，SCA-2针脚80PIN FC：代表FCAL-2 NP：代表Ultra320SCSI，68PIN NC：代表Ultra320SCSI，SCA-280PIN
Toshiba	MK-XX-XXX-X-X （MK+容量+内部编号+ 接口+转速及缓存容量） MK1233GAS	MK：表示硬盘类型 12：表示硬盘容量120GB 33G：内部编号 A：表示接口为ATA，S代表SATA接口 S：表示转速和缓存容量4200RPM，8M缓存容量； 　X就是5400RPM，16M缓存容量

硬盘外壳侧面有电源和数据传输接口，PATA硬盘侧面还有跳线（jumper）装置。

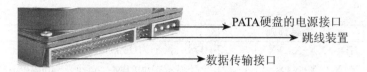

PATA硬盘的电源接口

跳线装置

数据传输接口

（2）接口

硬盘的侧面包括电源接口、数据传输接口和跳线装置三个部分。

电源接口是利用电源线与主机电源连接，为硬盘提供电力。

数据传输接口则是用一条数据线连接主板，它是硬盘与其他计算机硬件之间数据传输、交换的通道。现在市场上主流硬盘的数据接口有PATA（IDE）接口、SATA接口和SCSI接口三种，PATA和SATA接口技术主要针对个人计算机市场，而SCSI接口技术主要针对服务器市场。

PATA（Parallel ATA）接口采用的是并行传输技术。由于它的数据线多，在传输数据时，线路产生的磁场会造成干扰，可能导致数据传输不同步，进而影响硬盘的数据传输结果。目前，并行传输速度基本上已经到达了物理极限。

SATA（Serial ATA）接口则采用序列传输技术，由于它的数据线少，在传输数据时彼此间的干扰较小，出现的错误的概率相对于并行传输要少，因此提高了硬盘的数据传输效率。目前第三代序列传输速度高达600MB/s，而更高速度的序列传输技术还在发展中。SATA接口是目前硬设备的发展方向。

PATA硬盘与SATA硬盘传输接口　　　　两者接口放大比较　　　　PATA硬盘与SATA硬盘转接线

不同的传输接口，使用的数据线也不一样。PATA硬盘采用的是40或80针的IDE数据线，而SATA硬盘则是7针的SATA专用数据线。

SATA硬盘7针数据线，可以看出SATA数据线比较小　　　　　　　　　　　PATA硬盘40针数据线

至于IDE硬盘，在电源接口与传输接口中间另外有跳线接口，通过跳线可以设置硬盘为主要（Master）设备还是附属（Slave）设备。PATA硬盘表面的卷标上一般会标注如何进行跳线。由于SATA硬盘采用点对点传输方式，没有主从之分，因此不需要设置跳线。

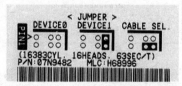

PATA硬盘卷标上的跳线说明图

（3）控制电路板

硬盘底部是控制电路板。硬盘的电路板上面有很多芯片和元件，它们负责控制硬盘

的盘片转动、磁头读写、数据传输等。

在控制电路板上有三块重要的芯片。主控芯片是电路板上块头最大的正方形组件，主要负责数据交换和数据处理。主控芯片旁边的长方形芯片为缓存芯片，它的功难类似于内存条的缓存芯片，主要是提供数据的缓存空间，提高数据的读写效率。目前主流硬盘的缓存芯片为8MB或者16MB。缓存容量越大，表示硬盘的读写速度越快，硬盘的性能越好。硬盘驱动芯片也是正方形，比主控芯片要小，它控制硬盘马达和主轴马达的转动。

主控芯片　　　　　　　　　缓存芯片
驱动芯片

硬盘的控制电路板

注意事项

硬盘表面有一个极小的透气孔，它的作用是保持硬盘内部气压与大气气压一致，同时还防止灰尘进入硬盘内部，避免灰尘将磁盘刮伤。使用硬盘时必须用螺丝将它固定在主机上，防止在读写过程中由于震动而造成磁盘损伤。

7.2　硬盘的规格

硬盘的规格包括容量、转速、数据传输率、平均搜寻时间和稳定度。这些技术规格通常在硬盘的卷标纸或外包装盒可以找到，根据这些信息可以判断硬盘的性能。

1. 容量

我们在选购硬盘时最关心的就是硬盘的容量（Size）。硬盘容量是指硬盘可以储存数据的最大值。目前，主流的硬盘容量已达250GB以上，更高容量的硬盘也相继推出，如：500GB、750GB硬盘已大量出现在计算机市场，甚至2007年第一季Hitachi已推出1TB硬盘。不过，购买硬盘切勿盲目追求大容量，如果不需要保存大量数据，过大的硬盘容量是一种浪费。所以，对于需要储存大量数据、游戏、影视文件的计算机，配置250GB以上的大容量硬盘最合适，而只打算用来处理文字、处理图形图像等工作的计算机，配置120GB的硬盘也绰绰有余。至于80GB以下的硬盘，由于在价格和性能上都不具有竞争力，因此不推荐购买。

硬盘容量和价格未成正比关系，容量越大，每单位容量价格越便宜，当然也值得花钱购买。

单盘容量

由于硬盘的内部空间有限，通常只能放置2～5个盘片，所以很难通过增加盘片数量的方式来加大硬盘容量。因此，提高磁盘的记录密度、增加单盘容量就成为增加硬盘容

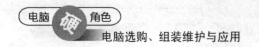
量的主要途径。事实上，一旦提高磁盘记录密度，磁头在读取数据和磁盘搜寻数据所花费的时间也会减少，相对提高了硬盘的数据传输率。

如果打算升级硬盘，务必要注意主板是否支持大容量的硬盘。因为有些旧主板在制造之初，未考虑到硬盘容量发展如此迅速，采用24位LBA硬盘搜寻方式，也就是每个逻辑区块的大小是512位，所以主板最高只支持辨别（2的24次方）（块）×512（位）=137,438,953,472位=137GB容量的硬盘。更旧的主板可能有8.4GB、32GB的容量限制。在升级硬盘容量前，建议您先到主板厂家官方网站查阅相关信息，获得老式主板支持大硬盘的方法。

2. 转速

转速（Rotational Speed）是指硬盘内轴承的旋转速度，即硬盘的盘片在一分钟内能完成的最大转数。

硬盘转速以每分钟多少转来表示，单位为RPM（Rotations Per Minute）。硬盘的转速越快，搜寻数据的速度也就越快。它是硬盘的重要参数之一，是决定硬盘内部传输率的关键因素，在很大程度上直接影响到硬盘的速度。目前主流硬盘的转速为7200RPM。

3. 数据传输率

硬盘是计算机最重要的数据储存设备和数据交换介质，数据传输速度的快慢直接影响系统的运行速度。硬盘的数据传输率分为内部数据传输率和外部数据传输率。

（1）硬盘的内部数据传输率

内部数据传输率是指磁盘与缓存芯片的数据传输速度，它是影响硬盘整体性能的关键。它取决于硬盘的转速和磁盘的数据密度，计算方式一般以Mbps（兆位/秒）为单位。目前主流硬盘的内部传输率都在240Mbps以上。

（2）硬盘的外部数据传输率

硬盘的外部数据传输率是指从硬盘缓存芯片向外部设备传输数据的速度。它与硬盘的接口类型息息相关，因此在DM广告或硬盘规格数据中常以数据接口速度代替，单位为MB/s（兆字节/秒）。目前SATA硬盘的外部传输率已达150MB/s以上。

由于硬盘的外部传输率远高于内部传输率，但外部传输率再大，也会受限于内部传输率。所以内部传输速度才是真正衡量硬盘数据传输率的标准。

Mbps和MB/s并不是同一个单位，如果要将Mbps和MB/s彼此换算，需要将Mbps除以8。如上文提到硬盘240Mbps的内部传输率，如果换算成MB/s，就只有30MB/s。

4. 平均搜寻时间

平均搜寻时间（Average Seek Time）是指磁头移动到数据所在磁轨上所花费的平均时间，单位是毫秒（ms）。硬盘的平均搜寻时间越小，硬盘效率越高。现在使用的硬盘平均搜寻时间都在10ms以下。

5. 稳定度

硬盘的稳定度是指硬盘平均正常运行多少时间后才会出现一次故障。无故障的平均时间越长，硬盘的可靠性也越高。目前主流硬盘的平均无故障时间一般都超过10,000小时。

 注意事项

举例来说，一块80GB的硬盘在计算机系统中却显示75GB左右的空间，这并不是硬盘的质量有问题。因为硬盘厂家计算容量是以10进制为标准，但计算机系统是以2进制为计算标准。所以在计算机系统中，硬盘的容量只有80 × 1000 × 1000 × 1000（B）÷ 1024 ÷ 1024 ÷ 1024=74.4（GB）。

7.3 PATA硬盘——储存设备的明日黄花

PATA的全称是Parallel ATA，是平行ATA硬盘接口规格。PATA硬盘在目前的应用仍然很广泛。它的主流规格包括ATA/66、ATA/100和ATA/133，这种命名方式表示它们的外部最大传输速度分别达到66MB/s、100MB/s和133MB/s。但这只是理论上的最高速度，因为在实际使用过程中硬盘无法持续地维持这个速度，PATA硬盘的稳定传输速度一般在30MB/s到45MB/s之间。对于一些文字处理等数据传输速度要求不高的工作，平行ATA的传输率完全可以满足需要。加上PATA具有良好的系统

PATA硬盘仍然是目前市场的主流

兼容性，价格方面也比SATA更便宜，因此PATA硬盘仍然有大量的爱用者，仍是目前市场的主流。

当CPU与内存条运算速度不断更新，对于硬盘的数据传输率的要求也越来越高，PATA硬盘的低速度渐渐成为计算机系统运行的瓶颈。采用并行传输的PATA硬盘存在着一些先天性缺陷，最致命的问题就是平行线路的数据干扰。PATA采用平行的总线传输数据，要求各个线路上数据同步。如果数据不能同步，会出现反复读取数据，导致效率降低。若要提高PATA的数据传输率，惟一方法是提高频率，但是目前PATA的并行频率已达33MHz，几乎已经是并行设备接口的物理极限，这也限制了PATA技术的继续发展。长远看来PATA硬盘终究会成为储存设备的明日黄花，会渐渐退出市场。

7.4 SATA硬盘——PC储存介质的主流

当PATA硬盘的低速度渐渐成为影响计算机系统运行的瓶颈时，一种新的硬盘接口——序列SATA（Serial ATA）应运而生。

采用SATA技术接口的SATA硬盘比起PATA硬盘，采用电磁干扰较小的序列线路来传输数据，因此它的工作频率可以大幅提高。即使它的总线比PATA硬盘的总线小，但由于工作频率高，能使SATA1.0标准的传输率高达到150MB/s，SATA2.0标准的传输率甚至提高到300MB/s，而未来SATA3.0标准的传输率将高达600MB/s。这种高速传输率是传统PATA硬盘无法达到的。同时，SATA的耗电量也相对更低，只需要采用250mV的电压支持。而且市场上流通的SATA硬盘均属大容量，如最小的SATA硬盘容量以80GB起点，更符合目前大容量硬盘的市场潮流。

相比于PATA硬盘，SATA硬盘具有更大的优势，但是目前它只能与PATA硬盘平分天下。虽然现在多数主板都支持SATA硬盘，也提供了SATA的数据线，仍有部分SATA硬盘的电源接口并非电源配置的四针电源接口，另行购买SATA电源线又是一笔开支，这对价格上处在劣势的SATA硬盘更是雪上加霜。幸好目前SATA硬盘的价位只比PATA硬盘略高出一点，应该不会使消费者增加很大的负担。

SATA硬盘将是未来硬盘市场的霸主

SATA对系统频率也比较敏感，如果超频使用计算机，会造成SATA硬盘在一个非标准外频的环境下工作，可能会出现系统无法找到硬盘或者硬盘数据损坏等问题。另外，SATA硬盘的设置也比PATA硬盘麻烦。即便是在目前最强大的Windows XP系统中使用SATA硬盘，仍需安装SATA硬盘的驱动程序。这对于初学者来说无疑又是一道新的难题。

SATA硬盘若要取代PATA硬盘，势必先要解决许多问题。譬如配件与参数设置等相关问题，做到这一切还需要给SATA一点时间。但是无论从技术角度、价格等方面来分析，SATA硬盘都应该是目前组装计算机首选的硬盘产品，就像当年DDR内存条取代SDRM内存条一样，这种潮流是不可逆转的。

7.5 软驱——无法告别的情结

软驱曾经是每台计算机不可或缺的标准设备。但由于软盘容量小、数据传输率低、耐用性差，早已无法满足我们数据传输的需要，因此软盘逐渐退出计算机市场。

那么，我们是否可以完全和软驱说再见了呢？

其实，在计算机发生故障，例如无法进入系统的时候，只能通过启动盘来恢复系统。此时软盘就成为应急的救命仙丹。就目前现实状况而言，不仅在系统还原过程中需要用到软盘，很多时候也必须借助于软盘，例如某些杀毒软件会利用软盘作为启动盘，一些硬盘备份工具也要求备份磁盘分割表到软盘片；部分SATA硬盘的安装也需要软盘来安装驱动程序。虽然优盘等移动储存装置正不断抢攻软盘市场，但由于目前移动储存装置发展迅速，各种产品推陈出新，业界并未

软驱已不再受重视

针对新的移动数据传输方式达成公共的标准。软驱从上世纪1960年代发明以来至今已有40多年的历史，在1990年代成为移动数据传输标准后，许多人都已经习惯使用软盘，因此它在短期内并不会完全消失。

虽然很多人已不再为计算机安装软驱，但是主板的BIOS设置仍预设它为第一开机装置。所以如果没有安装软驱，建议修改BIOS设置，在启动系统时不会自动检测软驱，也许可以加快计算机的开机速度。

7.6 移动硬盘——DIY的新主张

如果你手头宽裕但不想买软驱，可是又怕重新安装系统时遇上麻烦，不妨考虑选购一个移动硬盘，在重新安装系统时可以用它作为USB启动，出外办公时也可以当硬盘使用。

移动硬盘顾名思义是以硬盘为储存介质，强调方便性的储存产品，读写模式与标准IDE硬盘相同。移动硬盘多采用USB、IEEE 1394等传输速度较快的接口，以较高的速度与系统传输数据。

USB接口的移动硬盘是目前的主流产品，它支持热插拔和即插即用，在WindowsMe/2000/XP/Vista下无须安装驱动程序即可正常使用。根据不同的标准，USB接口分为1.1和2.0标准，USB1.1接口的传输速度只有12Mbps，而USB2.0接口的传输速度高达480Mbps。因为USB标准可向下兼容，目前所有主板上的USB接口都已全面支持2.0标准。

移动硬盘

IEEE 1394俗称"火线"，这种外接设备的数据传输率理论上可达400Mbps。但如今IEEE 1394接口并不算普及，因为往往需要额外配置一块价格不菲的IEEE 1394专用适配卡。由于需要多支付一笔钱，而且不同的计算机之间不易通用，不适合大部分DIY用户。但对于某些从事制图、动画、美工设计的计算机用户，若需要在MAC机和PC机之间交换数据，仍然要仰赖IEEE 1394外接设备。

7.7 存储卡——出外旅游好伙伴

您还在为外出旅游怕存储卡不够用而担心吗？现在您不必再为这些事而烦恼了。存储卡不仅具有超大的容量、各种规格相互支持之外，还有全新的独立单机储存技术，所

以不论您的数码相机或数字DV的存储卡规格是什么，都无须连接到PC主机，只要插入存储卡，再按下COPY键就能轻轻松松完成备份，您的存储卡可以不停地循环使用。

除此之外，它也可储存大量的文件与影视资料，在平时可当成一般卡片阅读机和外接式硬盘使用，并且部分品种还可当作MP3随身听，可说是出外旅游的好伙伴！如果要购买存储卡，一定要注意它的功能与重量等，确保携带方便和实用性。

存储卡

光驱与刻录机

第 8 章

08

随着网络的普及，我们获取信息更加方便快速。为了保存这些大量的数据、多媒体文件，大容量的硬盘是相当实用的储存工具，但是仍有备份和随身携带的需要。刻录机加上光盘创造出了一个更方便的信息储存方式。在组装计算机时，选购一台适合你的光驱将对个人的工作和生活有很大的帮助。

8.1 只读光驱与刻录机简介

根据光驱是否具备刻录光盘的功能，可大致区分为只读光驱与刻录机。

1. 只读光驱

只读光驱只能读取光盘里的数据，无法修改和写入数据。目前市场上常见的只读光驱分为CD光驱和DVD光驱两种。

（1）CD光驱

CD（Compact Disk）光驱是最早出现的光驱产品，也是目前应用最广泛的一种。第一代光驱的数据读取速度为150KB/s，后来速度不断更新，例如6000KB/s的光驱就称为40倍速的光驱。经过10多年的发展，CD光驱的技术已经相当成熟，目前主流CD光驱读写速度达到了52倍速。

CD光驱

CD光盘

（2）DVD光驱

当文件大小与影视容量不断加大，储存容量仅650MB、700MB的CD光盘已经无法满足大容量的要求，4.7GB容量的DVD（Digital Versatile Disc）光盘也就应运而生。在价差不大的基础上1张DVD光盘相当于7张CD光盘的容量总和。因此，同时可以读取DVD光盘和传统CD光盘的DVD光驱，也就取代CD光驱成为光储存市场的主流。

DVD光驱

DVD光盘

2. 刻录机

宽频网络普及后，大量数据源源不断地通过网络涌入计算机，另外，家用DV、DC也将许多日常生活片段记录以数字文件的形式储存到计算机。经过一段时间后即便是上百GB的硬盘也会慢慢塞满各式各样的文件而不得不忍痛删除数据。有没有解决的方法？其实使用刻录机可以将数据备份到光盘，让用户拥有无穷无尽的储存空间。除此之外光盘有防震动、方便携带的特性，将数百MB、GB的数据带在身边，方便信息交流。以价格和普及程度来说，目前刻录机分为以下两种。

（1）CD刻录机

CD刻录机可以读取CD光盘，将数据写入光盘。它分为CD-R和CDRW。其中CD-R只能写入一次，CD-RW则允许多次写入和修改。

（2）COMBO机

COMBO最先是由三星公司推出的一款多功能光驱，它

CD刻录机

结合DVD光驱与CD刻录机这两种光驱的功能。同时它的价格低于二者的总和，在安装时只占用一个IDE接口，节省计算机机箱的空间。如果机箱空间很小，偏偏又崇尚简约风格、不想多花钱，COMBO机是不错的选择。

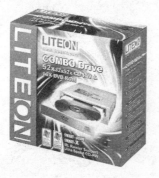

价廉物美的COMBO机

（3）DVD刻录机

虽然CD刻录机和COMBO机都具备刻录CD光盘的功能，但是面临大容量储存需求的冲击（例如：家用DV转录的图像文件动辄有数GB大小），CD光盘650MB或700MB的

储存容量，显得捉襟见肘。鉴于此，可刻录4.7GB甚至8.5GB大容量的DVD光盘并且兼容CD-ROM、CDRW的DVD刻录机，以优异的性价比，成为DIY组装首选的光驱类型。

功能强大的DVD刻录机

3. 从外观认识光驱

从外观来检查，光驱是一个长方体盒子，外部覆盖的铁壳和前置面板将光驱的内部组件加以层层保护。

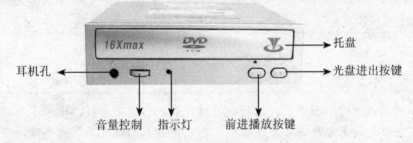

光驱的前置面板

由于前进播放键、音量控制和耳机孔的功能很少有人通过光驱来使用，用它操作也不够方便，况且可以通过软件来操作这些装置，所以有部分光盘机制造商出于成本考虑，将它们省略不做。

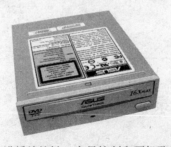

省略前进播放按键、音量控制和耳机孔的光驱

在前置面板上会标示一些基本信息，这些信息内容包含厂家的标志、光驱种类与光驱的数据读取速度。一般使用"X"代表倍数，如"52X"代表"52倍数的数据读取速度"。

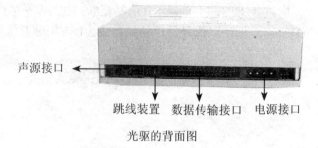

声源接口

跳线装置　数据传输接口　电源接口

光驱的背面图

按照数据接口的不同，光驱又分为SCSI和IDE接口两大类。目前市场上的光驱多以IDE接口为主，SCSI接口的光驱主应用于高端的服务器领域，一般的个人计算机很少安装使用。

SATA接口的DVD刻录机具备传输速度快、数据传输线更窄、安装更容易等优势，在2007年第一季陆续上市。

在光驱的面板上有一个小孔，它和硬盘通气孔的作用不一样。这个小孔的用途是：当计算机断电后，如果光盘仍留在光驱中，想在不开机的情况下取出光盘，可以用一根大头针插入小孔并轻轻一推，光盘会自动弹出来，不会对光驱造成损伤。

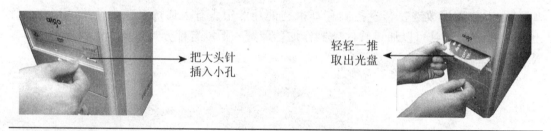

把大头针
插入小孔

轻轻一推
取出光盘

8.2　主流的DVD刻录机

如果准备到电脑市场选购DVD刻录机，你一定会发现DVD刻录机竟然有各种不同的刻录格式，这可能会让你感到困惑，鉴于此，在选购DVD刻录机前，让我们先认识主流的DVD刻录技术标准，或许可以让购买活动更顺利。

1. DVD刻录技术标准

DVD刻录机的已有规格包括DVD-R/RW、DVD+R/RW和DVD-RAM三种，每种规格都各有其自身的优、缺点。DVD-RAM刻录机在个人计算机市场比较少见，价格也偏高，主要应用于高端市场领域。

（1）DVD-R/RW

由先锋公司于1998年推出的DVD-RW最大优点是兼容性好，而且能够以DVD图像格式来保存数据，可以在家用光盘播放机上播放，光盘的价格也较便宜。缺点是刻录速度较慢，刻录光盘需要一次完成。

DVD-R/RW光驱

DVD-R/RW标准标志

（2）DVD+R/RW

该标准比DVD-R/RW标准晚半年左右提出，由7C（PHILIPS/SONY/YAMAHA/Mitsubishi Chemical-Verbatim/Ricoh/hp/Thomson）主导。DVD+R/RW的优点是数据可以随机写入，可以在任何一点停止和开始刻录，空间使用效率也大大提高。缺点是兼容性不好，部分DVD光驱和家用DVD播放机可能无法读取DVD+R/RW刻录的光盘。

盒装DVD+R/RW光驱

DVD+R/RW标准标志

2. DVD Dual刻录机

由于DVD-R/RW和DVD+R/R两种标准不统一，且不兼容，导致支持不同标准的DVD刻录机共存，并且造成DVD刻录机市场一片混乱，消费者只好持观望态度。幸好在光驱厂家推出同时兼容这两种格式的DVD刻录机－DVD Dual，用户不用再担心DVD光盘的兼容性问题，这很快就获得消费者的欢迎，DVD刻录机也随着DVD Dual的出现而大大普及。

DVD Dual并不是独立的DVD刻录机格式标准，而是集DVD-RW和DVD+RW两者于一身的双格式产品。

外接式DVD Dual刻录机

3. DVD DL刻录机

随D9可刻录光盘的逐渐普及DVD±R的刻录速度也到达极限，各大DVD刻录机厂家的目光焦点转向支持单面双层DVD刻录的DVD DL（Double Layer & Dual Layer）刻录机，集多种功能于一身的DVD DL刻录机便成为用户的首选。由于各大厂家的跟进，造成DVD DL刻录机的竞争更加激烈，价格也不断下跌，DVD DL刻录机优异的性价比更受到消费者欢迎，

这种刻录机逐渐成为当前刻录机的主流。

各式DVD DL刻录机

下表是现行各类型DVD光盘的规格比较。

类型	直径/厚度	容量规格	图像格式	分辨率	声音格式	播放时间
DVD-5	12cm/ 0.6mmx2	4.7GB	MPEG-2 & MPEG-1，允许静态图像	720×480 （NTFC， 29.97FPS）	Dolby Digital 多声道数字音效、 MPEG、 LPCM	133分钟 以上
DVD-9		8.5GB				
DVD-10		9.4GB				
DVD-18		17GB				

DVD DL刻录机几乎是光存储市场的万用机种，兼容于目前常见的光盘，而主流DVD DL刻录机的性能也不断提高。主流DVD DL刻录机支持16倍速DVD+R刻录、16倍速DVD-R刻录、8倍速DVD+RW复写、6倍速DVD-RW复写、8倍速DVD+R DL刻录、4倍速DVD-R DL刻录、48倍速CD-R刻录、32倍速CD-RW复写、16倍速DVD-ROM读取、48倍速CD-ROM读取，缓冲存储器大小为2MB。

8.3 光驱的规格与功能

在决定购买光驱之前，只看到光驱的外观是不够的，有必要进一步了解光驱的性能。下面简单认识光驱的基本规格。

1. 数据传输率

数据传输率（Data Transfer Rate）即大家常说的倍速，它是衡量光盘机性能最基本的指标。光驱的倍速越高，光驱转速也越快，数据传输率就越高。但是，光驱的转速并非越高越好，因为当光驱超过一定的转速，在高速下长时间工作的光驱，使用寿命将大大减少。同时在超高速的转动下光盘可能会受到损伤，造成光盘数据无法读取。目前主流CD光驱为52倍速，DVD光驱为16倍速。

 注意事项

　　由于CD与DVD光盘的介质不同，CD与DVD光驱读取光盘的速度也不一样。CD的倍速算法为：1X=150KB/s，但DVD的倍速为1X=1,350KB/s。我们常用X来表示倍速，例如52XCD-ROM为52倍速的CD光驱，16XDVD-ROM为16倍速的DVD光驱。

2. 数据缓冲区

　　数据缓冲区（Buffer）是光驱内部的储存区。它能将读取到的数据暂时保存在数据缓冲区，减少读取光盘的次数而延长光驱寿命。现在大多数光驱的缓冲区都超过了128KB。

3. 搜寻时间

　　搜寻时间（Seek Time）是指从光驱在收到读取数据的命令后，到移动激光读取头调整到数据所在轨道上方所花费的时间。搜寻时间通常用毫秒（ms）为计算单位，更短的搜寻时间说明拥有更快的速度。

4. 兼容性

　　光驱的兼容性是指光驱支持的光盘格式。由于光盘格式的种类繁多，光驱要读取不同格式的光盘必须支持不同格式。一般CD光驱兼容CD、Video-CD、CD-R和CD-RW等格式；至于DVD刻录机通常支持市场上常见的光盘格式。

5. 读取光盘数据技术

　　光驱的数据传输技术有CLV、CAV、PCAV三种。
- CLV（Constant Linear Velocity）即恒定线性速度，是指光驱在读取数据时，数据的传输速度始终保持不变。从光盘外圈到内圈，要保持数据的传输速度恒久不变，要求光盘转速不断提高，但是不稳定的转速会影响马达的使用寿命。
- CAV（Constant Angular Velocity）即恒定角速度技术。CAV技术的优点在于马达不必频繁的调整转速，不仅延长马达的使用寿命，更有助于提高数据读取效率。但是采用CAV技术的光驱，数据传输率不可能始终保持一致，因此外圈的数据传输率比内圈大。在实际应用中，采用CAV技术的光驱，其光盘读取平均速度比标准值低得多。
- 针对CLV和CAV技术的不足，一种更高端的PCAV（Partial-Constant Angular Velocity）数据传输技术已广泛被新一代光驱采用，PCAV实际上是一种综合技术，它的工作原理是当读取光盘内圈数据时采用传统的CLV技术；而当激光头读取光盘外圈数据时采用CAV技术。综合来看，由于结合CLV和CAV的优点，对提高光驱读取速度的效果非常明显。

6. 下一代DVD

　　高品质影视文件产生的更高容量的储存要求，目前4.7GB的DVD容量已呈现捉襟见肘之势，8.5GB的DVD DL勉强为之，若是高品质的影片，无论4.7GB或8.5GB势必会不够用。蓝光BD（Blu-ray Disc）和HD DVD，是目前最被看好的下一代DVD技术。

（1）Blu-ray

2002年初，新力索尼和飞利浦两家长期钻研光盘技术的公司，共同发表新蓝光激光（Blu-ray）技术。Blu-ray最大的突破是储存介质上透明塑料基板层的厚度。Blu-ray拥有高密度数据光储容量最大可达52GB，计划扩充到200GB以上，比DVD或HD DVD要大得多。

独特的安全系统是Blu-ray另一个与众不同的特点。Blu-ray采用128位高端加密标准（Advanced Encryption Standard；AES）的加密钥匙。

Blu-ray蓝光刻录机

Blu-ray蓝光播放器

（2）HD DVD

2002年8月19日东芝和NEC公司联合推出另一个技术规格，名为AOD（Advanced Optical Disc），以黑马的姿态挑战新力索尼阵营，掀起下一代DVD规格战的战端。AOD之后改名为HD DVD（High Definition DVD）。

内接式HD DVD刻录机

HD DVD播放器

2003年的DVD论坛上，AOD规格被DVD论坛认定为下一代官方规格。HD DVD规格就是改编自目前标准DVD规格而设计的。

HD DVD规格的主要卖点是HD DVD与标准DVD共享部分构造设计，原有的DVD光盘制造商不需要为了规格升级再投入庞大资金、更新生产设备。反之，Blu-ray制造商就必须添购全新的生产设备。

下表是HD DVD、BD光盘的规格比较。

类型	直径/厚度	容量规格	图像格式	分辨率	声音格式	播放时间
HD DVD	12cm/0.6mmx	15GB/30GB 20GB/40GB	MPEG-2、MPEG-4AVC 及微软VC-1 H.264/AVC	1920x1080 1280x720 （24p,23.976p, 50p,59.94i,50i）	Dolby Digital多声道数字音响、DTS、LPCM	133分钟以上
BD	12cm/0.6mmx	23.3GB/25GB 27GB 46GB/50GB 54GB	MPEG-2、MPEG-4 AVC 及微软VC-1 H.264/AVC	1920x1080 1280x720 （24p,23.976p, 50p,59.94i,50i）	Dolby Digital 多声道数字音响、DTS、LPCM	133分钟以上

　　由于HD DVD与DVD光盘在直径、厚度等方面都十分相似，尤其是省下大笔重新升级机器生产的成本投资。现阶段尚未普及的主要原因是生产成本比普通DVD贵了一大截，零售价也偏高，市场反应并不好。HD DVD和BD光盘比DVD格式具有更大的容量，允许拥有多种语言声道，并强化人机交互，对消费者有更大的吸引力。HD DVD与BD采用H.264图像压缩技术，HD DVD最高取样率达36.55Mbps、BD更高达48Mbps。同时在可动态调整的图像编码（VBR）技术的帮助下，不但画面品质高，更节省大量的储存空间。随着两大阵营陆续推出播放器、刻录机和影片光盘，加上微软XBOX 360和Sony PS3分别采用HD DVD和BD播放器（XBOX 360要另外选购)，2007年预料蓝光DVD将备受瞩目，未来的前景更令人期待！

第9章

09

CRT/LCD显示器

文字处理、观看图像影片、游戏娱乐、图形制作、网页浏览等，都要通过显示器来实现，并实时完成计算机与用户之间交互沟通的工作。另一方面，显示器也是所有计算机硬件当中能影响人体健康的因素之一，它会发出对人体有危害的辐射。所以，挑选一部合适的显示器不但关乎你的视力，也与身体健康息息相关。

9.1 从外观认识CRT/LCD显示器

目前的显示器根据显示原理不同，主要划分为CRT显示器和LCD显示器两大类。在外观上，CRT（Cathode Ray Tube）显示器和LCD（Liquid Crystal Display）显示器有着明显的差别。现在市面上的显示器以LCD为主流，它凭借着轻、薄、画面质量清晰等诸多优点逐渐被市场所接受，特别是价格越来越大众化，这使得CRT显示器逐渐被市场所淘汰。

CRT显示器

LCD显示器

两种常用的显示器类型

1. LCD液晶显示器

目前，LCD产品无论在价格还是技术方面都已步入相对稳定的阶段。LCD显示器凭借空间占用少、外观时尚等优势受到人们的欢迎，成为目前一般消费者购买显示器的首选。

CRT显示器的侧面图

LCD显示器的侧面图，轻巧美观的LCD显示器仅为CRT显示器的1/8甚至更薄

LCD的底部为显示器底座，不仅要求它美观，更要注意它是否可以牢固的支撑显示器。

LCD底座通常是稳定性较佳的方型或圆形底座

LCD显示器的背面有卷标、电源接头以及显示信息接口。

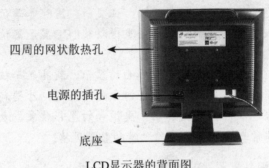

四周的网状散热孔

电源的插孔

底座

LCD显示器的背面图

目前LCD的信息接入方式有传统的D-SUB（15-Pin）与DVI（Digital Visual Interface）接口。使用传统的D-SUB接口显示器，计算机在输出画面前需要将数字数据转换为模拟数据再传送到LCD，容易产生失真、模糊的画面。DVI接口则完全以数字信息呈现画面，没有画面失真、模糊的缺点，是目前LCD显示器的主流接口。

DVI接口

LCD显示器的D-SUB
（15-Pin）

显示器传输接口

与传统CRT显示器相比液晶显示器主要有以下优点。

● 节省空间：传统显示器由于使用CRT，必须通过电子枪发射电子束到显示器，因而显像管的管颈不能做得太短，当显示器尺寸增加时就会急剧增大整个显示器的体积和重量。LCD液晶显示器通过显示屏上的电极控制液晶分子状态来达到显示目的，即使显示器加大它的体积也不会成比例增加，一般而言，LCD显示器的厚度，无论显示器尺寸多大，都控制在20CM以内，而且在重量上比相同显示面积的CRT显示器要轻得多。

● 节约能源：CRT显示器需要加热电极组件，使电子枪以极高的速度发射电子束，所以我们经常会感觉CRT显示器很热，这也是CRT耗能的主要原因。而LCD液晶显示器由于电能只耗在电极和驱动IC上，因而耗电量比传统显示器要小得多。一台15英寸LCD显示器功耗大约是一台17英寸CRT显示器的1/4左右，再把LCD显示器能够降低空调制冷费等因素考虑进去，节电的效果相当明显，这对降低产品的总体成本十分有利。

- 有利于健康：这应该是LCD显示器最大的优势。传统显示器由于采用电子枪发射电子束打到显示器上会产生辐射，尽管CRT显示器在减轻辐射方面想了很多办法，但这仍然是无法根治的。在这一点上LCD液晶显示器具有先天的优势，它基本称得上是"零辐射"产品，只有来自驱动电路的少量电磁波，由于液晶显示器不需开散热孔，只要将外壳严格密封即可排除电磁波外泄。LCD无辐射、无闪烁，加上色彩柔和，可有效减轻用户眼睛的疲劳感，可称作健康显示器，所以在一些对辐射问题比较敏感的场所，如：证交所、医院等单位，正在广泛应用LCD显示器。随着人们对自身健康的日益重视以及LCD显示器价格日益便宜，相信越来越多的人会选择LCD显示器。

- 显示风格独特：首先LCD是完全纯平面的显示，液晶显示技术不仅免除了笨重的显像管使用纯平面的玻璃板，没有任何方向的凸起，外型扁平、轻巧，而且液晶显示器画面清晰、柔和，有更真实、更饱和的色彩效果，表现图像画面质量更准确。不少朋友非常喜欢液晶显示器独特的显示风格。

与CRT显示器相比液晶显示器的不足主要在以下两点。

- 显示效果尚有不足：传统显示器由于采用萤光粉，通过电子束打击萤光粉显示图像，因而比液晶的透光式显示器更为明亮，色彩也更为鲜艳，尤其在可视角度上比LCD液晶显示器要好得多（几乎不存在可视角度的问题）。在显示反应速度上传统显示器也较具优势，几乎没有延时的问题。

- 寿命有限：液晶显示器不像普通显示器那么耐用。一般认为两到三年是正常寿命，因而在购买时要考虑两三年后是否愿意再次更换显示器。

LCD液晶显示器在使用时的几个设置问题。

- LCD显示器的分辨率是有讲究的，15寸的应该是1024×768，17寸的应该是1280×1024，19寸的应该是1440×900，若分辨率设置不当，看起来会很不舒服。

- LCD显示器也有刷新率的，不过它的刷新率和CRT显示器完全是两码事，LCD刷新率的改变主要呈现在文字边缘的清晰度上，一般LCD显示器的刷新率有3种：60、70、72，建议设置在60Hz，这样文字看上去会舒服很多。

- 亮度和对比度要设置好，设置的过高文字看上去会比较刺眼；设置的过低，文字看上去会很模糊。建议亮度设置的低一些，对比度适中即可。

2. CRT显像管显示器

CRT显示器目前的人气和买气一降再降，但是对于要求高质量显像效果或者预算条件有限的消费者来说，价格实惠、性能出众的CRT显示器仍然是他们的首选，毕竟它的价格比LCD显示器低了一截。

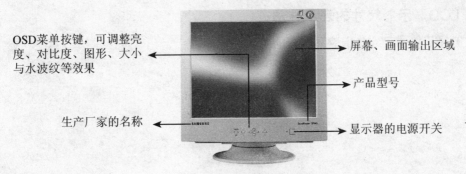

OSD菜单按键，可调整亮
度、对比度、图形、大小
与水波纹等效果

生产厂家的名称

屏幕、画面输出区域

产品型号

显示器的电源开关

CRT显示器正面

CRT显示器背面包括电源输入接口、数据输入接口与产品卷标。标签内容提供显示器的基本信息与一些认证标志。

CRT显示器侧边和顶部面板上面有许多小孔，这是CRT显示器的散热孔。使用时勿将散热孔盖住以避免显示器内部温度过高而造成组件烧毁。

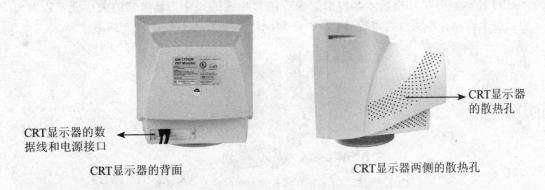

CRT显示器的数
据线和电源接口

CRT显示器
的散热孔

CRT显示器的背面

CRT显示器两侧的散热孔

9.2 如何判断CRT/LCD显示器尺寸

也许你会发现17英寸的CRT显示器与15英寸的LCD显示器看上去竟然差不多大小。这是什么原因呢？

17英寸CRT显示器

15英寸LCD显示器

原来，对于显示器尺寸的表示方法传统的CRT显示器和LCD显示器并不一致。

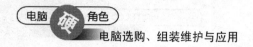

1. LCD显示器尺寸的表示方法

LCD显示器的尺寸是指液晶面板的对角线尺寸。

LCD显示器的尺寸等于液晶面板的对角线尺寸

LCD显示器的可视面积跟它的对角线尺寸相同，也就是说，一部15.1英寸的LCD显示器的实际可视尺寸恰恰是15.1英寸。

2. CRT显示器尺寸的表示方法

CRT显示器的尺寸指显示器内部显像管的对角线的尺寸。显像管的大小通常以对角线的长度来衡量，以英寸为单位（1英寸=2.54cm）。常见的有15、17、19英寸等。

内部显像管

CRT显示器尺寸是根据显像管对角线的尺寸来计算

这就是为什么15英寸的LCD显示器跟17英寸的CRT显示器，看上去差不多大小的原因。

CRT显示器的可视面积则是显示器完整显示图形的最大范围。可视面积通常会小于显像管的实际尺寸。17英寸CRT显示器的可视区域一般在15～16英寸之间，19英寸CRT显示器可视区域则在18英寸左右。

9.3 CRT/LCD显示器的选购原则

CRT显示器价格便宜，但体积庞大；LCD显示器时尚、体积小，价格较高。那么，对于CRT和LCD显示器，我们应该如何选择呢？

9.3.1 选购LCD显示器

随着环保意识高涨，人们对于工作环境的要求也越来越高。CRT显示器的辐射容易使眼睛疲劳。而LCD显示器通过控制是否透光来微调亮暗对比，画面稳定、无闪烁感，扫描频率不高但图像很稳定。因为LCD没有辐射问题，即使长时间使用也不会对健康造成危害。所以，LCD显示器适合长时间对着计算机办公的人。

同时，LCD显示器技术日趋成熟和产品价格下降，LCD显示器已渐渐取代CRT显示器成为更换显示器或组装计算机时的首选。

当面对琳琅满目的LCD显示器，在选购时，应当要注意什么事项呢？

（1）亮度

厂家和店家在宣传促销LCD显示器产品时经常强调"高亮度"的特性。亮度（Brightness）是在显示器全白的故障下，选取9个分散的液晶点测量亮度，并以平均值或者最大值来表示。亮度的单位是"烛光/每平方公尺（cd/m^2）"。普通LCD显示器亮度值为250cd/m^2以上，而部分LCD显示器的亮度则可高达500cd/m^2。

一般来说，亮度值越高画面自然更为鲜艳亮丽。然而，仅仅追求高亮度是不够的。某些LCD显示器标识为高亮度只是一昧的提高灯管亮度而已。然而液晶面板的透光性并没有相对的配置，因此强光通过液晶分子会出现部分画面过亮，导致丢失画面细节。而且过度提高灯管的亮度可能减少灯管的使用寿命。

在选购LCD显示器时，切勿盲目追求高亮度，应该考虑在高亮度下画面色彩显示的均匀性。对于高亮度LCD显示器，我们可以将Windows XP系统桌面设置成为默认的蓝天白云，在丢失细节的高亮度显示器中蓝天的颜色看起来会发灰发白。

（2）反应时间

除了"高亮度"，另一项经常听到的LCD显示器特性就是反应时间（Response Time）。反应时间表示液晶显示器各像素的点对于数据输入后的反应速度，单位是毫秒（ms）。目前主流LCD显示器的反应时间为8ms到16ms。在绝大多数情况下，普通人根本无法通过肉眼分辨出16ms与12ms，甚至与8ms产品的响应时间差，因此在选购时迷信更快速的反应时间并无多大的实质意义。

在选购LCD显示器时，可运行一些动作类型游戏或播放电影来实际感受一下，检查显示器的反应速度是否能达到游戏要求，如果出现残影，就表示显示器的反应时间过慢，不适合游戏的要求。

（3）对比度

对比度（Contrast Ratio）是指显示器上同一点最黑与最白的亮度单位的比值。对比度越高色彩越鲜艳饱和，更凸显图像的层次感。对比度越低颜色显得越贫乏，图像也显得平板。目前LCD显示器对比度值的差异很大，从200:1到500:1，甚至有部分产品的对比度高达800:1。

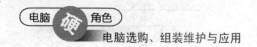

在选购液晶显示器时，不要被厂家宣称的高对比度说词所迷惑，只有在合理的亮度值下，对比度越高所显现出来的色彩层次才会越丰富，显示效果越出色。

（4）分辨率

与CRT显示器不同，LCD显示器的分辨率（Optimum Resolution）是指显示器的真实分辨率。LCD显示器是通过点阵方式组成图像，显示器上的像素点数目是固定的。以15英寸LCD显示器为例，显示器上的水准轴有1280个点，垂直轴有1024个点，这表示显示器的真实分辨率为1280×1024像素。只有在此分辨率下图像的显示效果才是最佳的。如果要显示的图像分辨率为1024×768，那可能有两种显示方式：一是只用显示器中央的1024×768个液晶点表现，周围剩余的液晶点不显示；二是通过延展处理，将1024×768分辨率的图像延展成1280×1024，并且全屏幕显示。但是这种延展处理方式，结果必然会导致严重的画面质量破坏。

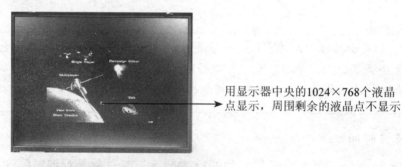

用显示器中央的1024×768个液晶点显示，周围剩余的液晶点不显示

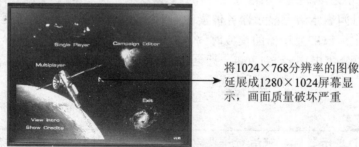

将1024×768分辨率的图像延展成1280×1024屏幕显示，画面质量破坏严重

分辨率1024×768的图像在分辨率为1280×1024的LCD显示器下的两种不同显示方式

在选择LCD显示器时应该考虑到计算机主机的性能，配合LCD显示器的真实分辨率表现出更好的画面质量。

（5）可视角度

可视角度（Viewing Angle）是指站在显示器前的某一个角度仍可清晰看见显示器图像的位置与显示器正中间的假想线所构成的最大角度。它限制了用户在液晶显示器前的自由活动空间，一旦超出此范围就会出现色彩失真，同时也限制你和家人、朋友一起分享的乐趣。因为从斜角度看液晶显示器白色部分会变暗，黑色部分会变亮，超出了可视角度的话，甚至可能什么也看不见。可视角度小是LCD必然的先天性缺点，因此这项对CRT完全沾不上边的指标，在选购LCD时反而变成相当重要的参考原则。一般来说，液晶显示器的水准视角在100度以上，垂直视角在80度以上即可满足要求。

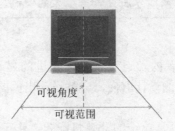

LCD显示器可视角度和可视范围

在选购LCD显示器时，不妨从多个方向的斜角度实际观察显示器的显示效果，测试是否符合自己的实际要求。

（6）坏点

由于LCD显示器的液晶面板是由数十万个以上的液晶点组成，再精密的制造过程也不能保证每一个液晶点的合格率为100%。因此，当液晶显示器上有的点可能会始终只显示一种颜色，白、黑、红、黄、蓝五种颜色中的任何一种，这就是"坏点"。坏点是显示器液晶点的物理原因造成的，无法修复，因此在购买时一定要看清楚是否存在坏点。

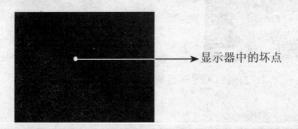

显示器中的坏点

按照显示器制造业公认的标准，15英寸液晶显示器有3个（含3个）以内的"坏点"是允许的，通常不予退换；17英寸允许有5个。部分厂商打出"无坏点保证"口号的LCD则属于特级品，价位也比较高，购买时更要严加注意检查。

检查坏点的办法：将桌面背景分别更换为白、黑、红、黄、蓝五种颜色，仔细观察，如果显示器出现坏点，可以很容易辨认出来。

（7）人性化功能

在选购LCD显示器时，只有出色的性能，还算不上一款优秀的显示器，它更应提供方便实用的功能。如三星的"魔调"，技术用户不必手动调整繁琐的OSD键，而是利用鼠标来微调显示器的对比度、亮度、色彩、几何等参数，还可以轻松切换成各种文件、

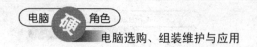
网络、娱乐、图像等默认模式。明基的Senseye技术也提供有标准、电影、图片模式，AOC最近更推出"随心技"的人性化设置功能。

在选购LCD显示器时，不妨多留意这些人性化设计，丰富的调整功能有助于获得更好的显示效果，方便、贴心的操作方法会带来很大的便利。

（8）优秀的设计

LCD显示器更吸引消费者的卖点不仅是它先进的显示技术，更是因为LCD拥有比CRT显示器更精巧、时尚风格的设计取向。一款设计出色的LCD显示器是一部显示器，更可以化身成为一项居家装饰。

今天，液晶显示器已不再是单纯的计算机配置，它正走向个性化、健康、时尚的发展潮流，是科技与外观设计完美结合。如何选购一款令人称心满意的显示器，请根据您自身的需要精挑细选一番吧！

目前LCD显示器的外观设计更有时尚感

Windows Vista可完美支持宽显示器、高画面质量的影视，让DVD影片呈现更清晰逼真的画面质量，预计2007年宽显示器LCD将会热卖，引发一阵宽萤幕的换机潮。

9.3.2 选购CRT显示器

CRT显示器具有可视角度大、无坏点、响应时间极短、色彩还原度高、色度均匀、可调整的多分辨率模式等优点。对于图像处理、图像编辑和游戏玩家来说，CRT显示器更清晰逼真的图像显示效果是LCD显示器无法比拟的。而且CRT显示器在价格方面比LCD显示器便宜。如果你手头的预算比较少，而且不在乎体型比LCD显示器庞大、占空间，CRT显示器其实是不错的选择。

CRT显示器经过多年的发展，技术上已经成熟稳定，虽然如今市场主流已经是LCD显示器，但是它实惠的价格足以提供稳定、优秀的画面质量。

在选购时可以从更新频率、点距、TCO等因素加以考虑。

（1）更新频率

更新频率指的是图像放大电路可处理的频率范围。它是显示器的一个重要指标，频率越快，反应时间越短，信息失真越少。目前的显示器频率达到或超过230MHz。

（2）点距

点距是同一像素中颜色相近的磷光粉像素之间的距离。点距越小，显示图形越清晰和细腻，分辨率和图像质量也越高。质量优秀的显示器的点距通常在为0.24mm以下。

（3）TCO认证

在越来越关注环保与健康的今天，人们对显示器低辐射的要求也越严格。凡是通过TCO认证的显示器就有低辐射的质量保证。

在选购时，当然是眼见为凭，不妨自己实地看看、试试，将各种品牌或型号交叉比较评价，应该能找出一款自己满意的CRT显示器。

TCO认证标志

 注意事项

CRT平面显示器分为视觉纯平面和物理纯平面两种。视觉纯平面类型的显示器为平的，但四角会出现颜色失真。物理纯平面类型的最大特点是显示器内凹，但失真较小。选购时，要注意。

第10章

10 键盘与鼠标

先不说主配件该如何选购，要知道计算机除了各主配件配置要合理使各配件性能都得到充分发挥外，还要讲究计算机使用的舒适度。我们平时使用计算机，接触最多、使用最多的就是键盘和鼠标了。一套好的键盘鼠标不但可以提供令人舒适的操作，还能够减轻双手的疲劳，减少肌肉组织损伤。

10.1 键盘——基本输入工具

键盘是我们使用频率最高的计算机硬件之一，通过键盘直接向计算机输入信息和键盘上的通过按键来控制计算机工作。

1. 从外观认识键盘

键盘由按键和代码转换电路组成，而按键通常包括字符键与控制键。

键盘的右上方为指示灯，从左往右分别为Num Lock指示灯、Caps Lock指示灯和Scroll Lock指示灯。

键盘底部两侧有支撑架，可以根据按键习惯，选择是否将键盘支撑起来。

键盘底部的支撑架

2. 键盘的分类

键盘经过数十年的发展，在外观上的变化不大。在按键结构、外型、接头和功能上，均有不同的分类。

（1）按按键结构分

按照键盘按键结构，可分为机械式键盘与薄膜式键盘。

机械式键盘采用类似金属接触式开关，工作原理是使触点导通或断开。机械式键盘制造简单、手感差、噪音大，击键时需要用力，长时间击键易引起手指的疲劳，键盘磨损快，故障率高，但维修比较方便。目前这种键盘已不多见。

薄膜式键盘内部有两层塑料膜，胶膜与按键对应位置有一颗颗碳心接点。当按键时，碳心接点接触特定的几条银粉线就会产生特定的信息。这种键盘具备低价格、低噪音、低成本、无机械磨损、可防水、可靠性较高。目前在市场上占相当大的比例。

机械式键盘剖析图

薄膜式键盘内部的塑料膜

（2）按外形分

键盘按照外型特征可分为标准键盘与人体学键盘。标准键盘为长方形构造，按键按照固定的顺序排列。

人体学键盘将左手键与右手键区分开，并形成一定弧度，用户在使用时两手可以保持一种自然状态，减少用户操作疲劳。这是一种人性化的设计，对于长期使用计算机的人来说，是一个很不错的选择。

标准键盘

人体工程学键盘

（3）按照接口分

键盘根据接口的不同又可以分为PS/2键盘与USB键盘。PS/2接口是每一款计算机主板的必备接口，一般来说，键盘接口的颜色是蓝紫色的。

USB接口是一种广泛应用在PC领域的接口技术，具有热插拔的优点。

PS/2接口的键盘

USB接口的键盘

（4）多媒体键盘

所谓多媒体键盘，就是通过内置的驱动程序，使用键盘上的快捷键能实现诸如CD播放、音量调整、开关计算机、启动休眠、上网浏览等功能。由于这些附加功能目前还没有统一的标准，所以不同品牌的键盘提供的快捷键数量和功能也不尽相同。多媒体键盘通常都会在原有的键盘结构上进行很大的改变，是一种创新，所以对于经常使用多媒体的用户可以选择这类键盘。

多媒体键盘

10.2 鼠标——图形接口控制器

鼠标是一种掌上型坐标定位设备，使用它可以在桌面上快速准确的移动和定位光标。鼠标根据工作原理和按键数等可分为不同的种类。

（1）机械鼠标与光学鼠标

机械鼠标的结构非常简单，它的底部装有一个滚球，通过鼠标的移动，滚球与四个方向的电位器接触，进而定位坐标。

光学鼠标通过发光二极管（LED）和感光组件合作来测量鼠标的移动，当鼠标移动时，安装在鼠标底部的光学转换装置可以定位坐标。

光学鼠标底部图

（2）双键鼠标、三键鼠标和多键鼠标

根据按键数可将鼠标分为传统双键鼠标、三键鼠标和新型的多键鼠标。

由于早期的计算机功能单一，传统双键鼠标在按键上只有左键和右键，但是随着技术的不断更新和鼠标用途的扩大，双键鼠已经逐渐被市场所淘汰，现在市面上已经买不到双键鼠标。

与双键鼠标相比，三键鼠标上多了个滚轮，使用滚轮可以进行更为快捷的操作，如上网时可以快速滚动网页等达到事半功倍的目的。

新型多键鼠标除了有滚轮，还增加了拇指键等快捷按键，进

双键鼠标

一步简化了操作过程。多键多功能鼠标将是鼠标发展的目标与方向。

三键鼠标　　　　　　　　　　　　新型多键鼠标　　　　　拇指键

（3）PS/2鼠标与USB鼠标

与键盘一样，鼠标根据接口方式的不同，又可以分为PS/2鼠标与USB鼠标。

PS/2鼠标　　　　　　　　　　　　　USB鼠标

（4）有线鼠标与无线鼠标

常见的键盘和鼠标都是有线的，它们通过数据线将键盘或者鼠标的控制信息传输给计算机。

无线鼠标是利用鼠标内部的信息发射器向外置的信息接收器发送信息，再由信息接收器传输到计算机。

由于无线鼠标需要安装电池进行供电，因此重量也较一般鼠标重。

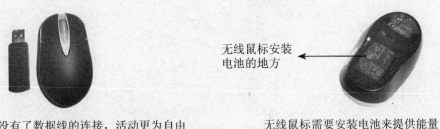

无线鼠标安装
电池的地方

无线鼠标没有了数据线的连接，活动更为自由　　　　无线鼠标需要安装电池来提供能量

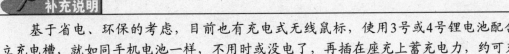

补充说明

基于省电、环保的考虑，目前也有充电式无线鼠标，使用3号或4号锂电池配合独立充电槽，就如同手机电池一样，不用时或没电了，再插在座充上蓄充电力，约可充电一千次左右。

（5）轨迹球鼠标

轨迹球鼠标作为鼠标家族的一员，可不像传统鼠标一样满桌子乱跑，它安静的趴在桌面的一角，靠轨迹球的转动来定位坐标。

轨迹球鼠标主要用于在飞机座位上上网，空间较少，没有足够移动鼠标的空间环境。也广泛应用于精确定位的绘图以及工业控制领域。

轨迹球鼠标

（6）激光鼠标

随着技术的不断更新，人们对鼠标的要求也越来越高。现在市面上最高级的鼠标即为激光鼠标。一般光学鼠标看见的是红光，现在激光鼠标已经看不到任何光，而且激光感应器不像传统光学鼠标一样的垂直设计，而是以斜角度接收激光反射的信息，激光鼠标采用了激光代替传统光学鼠标的LED技术，使其敏感度比传统的光学鼠标高出20倍。实际使用过程中，在大部分物体表面都可以正常运行。

激光与感应器的角度为90度，它可以通过精准的照射，把鼠标垫与桌面的表面更精细地反射到感应器上，所呈现的每个图像也就更为精细，传感器在比对图像的时候，就会更清楚、更细密的了解鼠标移动的方向。

激光鼠标

它使用高速无线电技术，远比一般无线鼠标拥有更快的数据接收速度，所以用起来就跟有线的鼠标没两样，而且它有电力状态显示，不会让你用到没电了还不晓得要充电，也避免了因电力不足而导致接收信息不够灵敏的问题。

11

音箱、麦克风、摄像头

自从计算机进入多媒体时代，影视娱乐就成为计算机功能中不可缺少的一部分。而音箱、麦克风、摄像头为多媒体计算机的重要组成部分，不仅拉近了我们与计算机的关系，也带给我们越来越丰富的影视生活。

11.1 全能歌手——音箱

试想一下，如果没有音箱，无声的计算机世界还会对你有多少吸引力呢？现在的多媒体产品市场充斥着多声道，对于原声影片和好的影视作品没有能够准确处理低频响应的音箱是不行的。为你的影视系统添购一组N.1声道音箱，将会使计算机播放的音响效果有不同一般的感觉，会让我们享受到数字家庭剧院般的生活。

音箱是多媒体计算机不可缺少的组成部分

由于木质材料制成的音箱能够有效的降低箱体内谐振造成的音质损失，因此木质材料被广泛应用在音箱的设计中。常见的大多是长方形。但是，随着塑料材料广泛应用于音箱的制造中，音箱的外形已是五花八门了。

各种外型的音箱

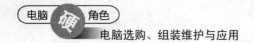

1. 2.1声道音箱

2.1声道音箱是目前计算机搭配最为广泛的音箱，它由一个独立低音音箱和两个扬声器组成。它占用空间小，其良好的音质效果也能满足一般家庭用户的需要，在售价上比较容易让一般用户所接受。是众多消费者桌面音响的首选。

2.1声道音箱

2.1声道音箱的摆放

2.1声道音箱的摆放比较随意，低音音箱最理想的摆放位置是在人的正前方，可以将它摆放在计算机桌下显示器的正下方。而负责左右声道的两个扬声器分别摆放在左右两侧。

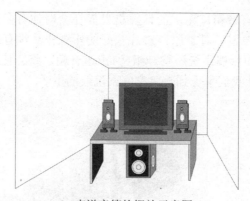

2.1声道音箱的摆放示意图

2. 5.1声道音箱

随着DVD光驱的普及，越来越多的消费者使用计算机来享受DVD带来的震撼效果。而2.1声道音箱在对DVD音响上的输出就有点不足了。因此，5.1声道音箱随着DVD与5.1声道系统的普及，得到了消费者的欢迎。

5.1声道音箱的摆放

为了达到最佳的音响效果，音箱的摆放位置得遵循声音的传播原理。5.1音箱的摆放相对来说比较复杂。在摆放时可以参考相关产品的使用说明书。

一般来说，将两个前置主音箱分别摆放在显示器的两侧，将中置音箱放在显示器的上方，两个主音箱和中央音箱最好在同一平面上，剩下的两个环绕音箱分别摆放在聆

5.1声道音箱

听者的右后方与左后方。正确的摆放才能使5.1声道音箱在播放DVD影片的时候发挥最强劲的性能。

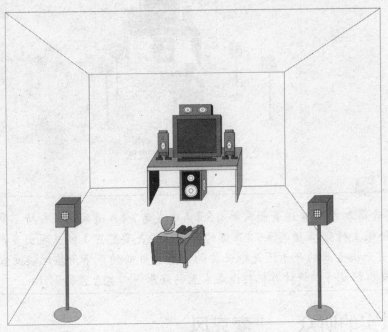

5.1声道音箱摆放示意图

3. 7.1声道音箱

7.1声道音箱比5.1声道音箱多两个环绕音箱，这使声音的环绕效果更加明显。

7.1声道音箱

7.1声道音箱的摆放

相对5.1声道音箱的摆放，7.1声道音箱的摆放更为科学。两个前置音箱和中央音箱的摆放位置相同，四个环绕音箱分别摆放在聆听者左前、左后、右前、右后的两侧位置。如果摆放空间允许，最好将这四个音箱放在高于聆听者坐姿时头部以上60~90公分处。7.1音响系统可以做到四面都有音箱负责声音的回放，环绕效果进一步增强。

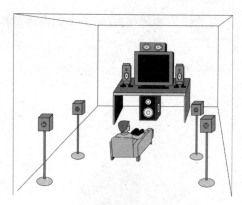

7.1声道音箱的摆放示意图

注意事项

　　5.1声道音箱或者7.1声道音箱需要有5.1声道或者7.1声道系统来支持。虽然现在的主板结合了也能够支持5.1声道甚至7.1声道的声卡，但是要想完美的呈现出多声道音箱的震撼音响，配置一块专业的声卡还是很必要的。毕竟目前的声卡价格比较便宜，只需要增加少许的开支，您就可以将计算机打造成家里的娱乐中心甚至家庭影院。

11.2　忠实的听众——麦克风

　　网络的发展将我们与远方的朋友之间的距离拉近了。我们可以通过MSN等软件利用麦克风与远方的朋友聊天，省去昂贵的长途话费。

　　麦克风由语音接收器、支撑架和数据线组成，主要作用是将声音信号转换为计算机可以识别以及处理的电子信息。

麦克风的结构图

现在很多麦克风都与耳机结合在一起

11.3　面对面的交流——摄像头

　　有了麦克风进行语音聊天就可以听到对方的声音，那你想不想看到对方呢？摄像头就能让你们进行面对面的交流。

　　摄像头的外观非常简单，主要由摄像镜头和支架及数据线组成。

　　摄像头的工作原理非常简单。光线由镜头传入摄像头内部的传感器中，传感器会将光线的变化转化为数字信号，再由图像处理器DSP通过数据线传送到计算机中产生图像。

摄像头

　　图像镜头的分辨率目前大多为30万至130万像素。分辨率越高成像的质量也越高。但是，由于受到网络传输条件的限制，高分辨率的摄像头也无法频繁传送高清晰的图像，因此在远距离的成像效果与低分辨率摄像头差不多。所以我们选购摄像头时不必盲目追求高的分辨率。

注意事项

　　要和朋友进行图像交流，除了需要安装摄像头，我们还需要借助MSN、Skype等通信软件才能实现。

11.4　免费打电话——Skype的电话机

　　Skype网络电话机是一款配合网络电话系统运行的语音传输通信终端产品，它使用USB2.0接口来连接计算机，利用计算机连结Internet来传送语音。它有独立的声音芯片，如果计算机没有声卡，一样能有声音输出。此外，它能有效的处理回音，音质更加清晰。来电响铃不会让您错过任何电话，并且不需要用鼠标点击，操作更加方便，可直接用电话机就可操作Skype软件。

　　全球通用来电接呼、安装简易、快速拨号、破防火墙音质超好及通话加密，使得在全球范围内与其他Skype用户免费通话不受地点限制，而且可以与所有防火墙、路由器一起使用，无需进行任何配置，使用起来超级方便。当您的Skype朋友准备通话或聊天时，在显示器上会向您显示朋友列表。通话采用"点对点"加密，极具保密性。

Skype电话机

　　它不仅仅支持Skype电话软件，还支持MSN、QQ、HEADCALL、NET2PHONE等常用的拨号软件。

12 电源与机箱

机箱（Case）是计算机硬件的房子，它对CPU等计算机硬件的容纳和保护有重要作用。而电源（power supply）为电脑提供稳定和充足的电力，是系统稳定的保证。

12.1　认识机箱

人们在组装计算机时往往会忽略对计算机机箱的选购，大家都以为机箱只不过是一个将主板、CPU、硬盘等计算机硬件集中起来的容器，因此，只要选购一个外型美观的机箱就足够了。然而，计算机机箱的作用并不仅仅是作为一个摆设品。下面我们将对机箱进行介绍，使大家对机箱有更多的认识。

显示器旁边这个"大铁盒"就是电脑机箱，它是主板、CPU、硬盘、光驱等计算机硬件的"家"

计算机机箱

1.计算机机箱的用途

计算机机箱在计算机配件中的地位和作用远比我们想象的重要，它除了容纳计算机硬件以外，还有更多重要用途。

（1）固定机箱内部硬件

我们都知道，硬盘和光驱是在高转速下工作，严重的震动可能会导致数据无法读取，甚至造成硬件的损坏。机箱将硬盘、光驱、主板等电脑硬件固定起来，使它们在稳定的工作环境下正常、高速的工作。

（2）保护机箱内的计算机硬件

主板、内存条、显卡等硬件假如都是赤裸裸的暴露在外部环境下工作，灰尘、泼洒的液体洒落在上面，都可能会对它们造成伤害。计算机机箱发挥的保护作用，能防止内部硬件受到外来异物的侵害，更能防止硬件受到碰撞等意外造成的伤害。

（3）更方便的管理设备

机箱内部的固定架将主板、硬盘、光驱等硬件合理的安排在各个部分，如果要对某个出现问题的硬件进行检查或者更换，只需要将该硬件拆下即可，无须将各种硬件全部拆卸。如果需要增加新设备，机箱也已经为它们"预留"了空间。

机箱内部的硬件都被螺丝牢牢的固定在机箱内部

（4）提供合理的散热结构

随着个人计算机的发展，CPU、显卡的工作频率越来越高，硬盘和光驱的转速也越来越快。高速也带来了高热量，机箱能够提供出色的散热方案，可以很快吸收热量并将其送到机壳外部，保持机箱内部的温度，防止内部硬件在高温下造成毁损。

机箱外壳上的散热孔，可以有效的调节机箱内部温度

（5）遮挡电源辐射

计算机等设备在人们生活中的使用越来越频繁，然而，计算机内很多硬件都在高频率状态下工作，它们产生的电磁辐射对人身体健康危害非常大。而机壳如同一面保护墙，具有降低电磁波的穿透率、遮挡电磁辐射的作用。

2. 认识机箱的结构

计算机机箱一般是长方体金属盒，虽然各个厂家推出了外型美观、独特造型的机箱，但是他们的基本功能上都是一致的。

风格各异的计算机机箱

111

（1）前置面板

机箱的正面是前置面板，包括了电源开关的控制接口、光驱、软驱等与外界交流的接口。

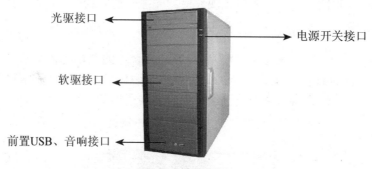

机箱的前置面板

现在的机箱都将USB、音响接口放置到前置面板，以方便用户连接MP3、数码相机、DV、耳机、麦克风等外接设备。

（2）主机底板

机箱的背面是主机底板，由连接主板的I/O接口、电源接口和接口卡挡板组成。而为了适合不同接口的主板，有些I/O背板是可以拆卸和更换的。

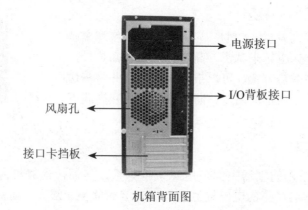

机箱背面图

（3）固定架

机箱内部固定架用来固定硬盘、软驱和光驱等存储设备。

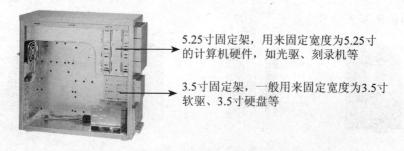

5.25寸固定架，用来固定宽度为5.25寸的计算机硬件，如光驱、刻录机等

3.5寸固定架，一般用来固定宽度为3.5寸软驱、3.5寸硬盘等

（4）主机侧板

由于金属材料对电磁辐射有更好的遮挡作用，所以主机侧板一般采用镀上特殊涂层的金属板。同时金属板容易拆装，方便机箱内部硬件的安装。

3. 机箱的种类

机箱的结构是根据主板的结构设计的，目前市场上计算机机箱主要分为ATX机箱和BTX机箱两大类。

（1）ATX结构的机箱

ATX（Advanced Technology extended）主板结构将I/O等接口统一放置在同一端，加强了CPU、内存条及显卡等硬件的安装位置，方便各种设备的安装与连接。

由于ATX结构的主板及其他相关配件都沿用ATX标准，因此ATX结构的机箱在技术和结构上并没有多少改变。

（2）BTX结构的机箱

BTX（Balanced Technology Extended）结构满足了用户在散热、能耗、结构、噪音及电磁兼容性等多方面日渐提高的要求。

- 结构更合理：在ATX原有的基础上进行了一系列改进，重新规范了主板的设计，使硬件的位置亦更为合理。
- 提高散热效率：BTX结构下独特的直线式风流设计，通过从机箱前部向后吸入冷却气流，气流沿着机箱内部线性配置的设备，最后在机箱背部流出，将热量快速流出机箱外，大幅降低原先在ATX结构下为了解决散热问题所产生的较高成本。
- 降低耗能和噪音：同时，独特的风流设计将原来在ATX结构下所需要的多组风扇减少为两组，降低风扇造成的噪音，为用户提供更为安静的计算机操作环境。

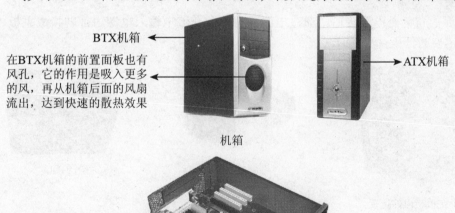

BTX机箱

在BTX机箱的前置面板也有风孔，它的作用是吸入更多的风，再从机箱后面的风扇流出，达到快速的散热效果

ATX机箱

机箱

BTX构架的计算机机箱示意图

（3）38度机箱

在购买机箱时也许你会听到厂家的宣传中标明他们的机箱是38度机箱。你一定觉得奇怪吧，什么是38度机箱呢？

所谓38度机箱，就是指可以将CPU散热器上方2cm处的温度控制在38度的机箱。而38度机箱明显的特征就是CPU导风管。导风管可使CPU产生的热量快速流出机箱，达到更好的散热效果。

38度机箱的CPU导风管设计

12.2　选择强有力的电源

如果计算机频繁的出现重新开机等故障，可能就是由电源引起的，在DIY市场大家越来越重视对电源的选购。下面让我们一起来认识电源。

1. 电源的作用

电源将交流电转换成低电压的直流电，为计算机的各硬件提供电力支持。当电源的功率不足时高负荷的工作会让电源的输出部分升压进而烧毁主板，同时电压不稳也会对硬盘等硬件造成致命伤害。因此，性能优秀的电源是计算机系统良好运行的保证。

2. 电源的外观

电源是长方体铁盒，铁盒将电容转换装置保护在里面。通常电源上会有散热风扇和散热孔，如下图这块电源的背面采用蜂巢式结构的散热孔设计，搭配着风扇可迅速的将热气排出，大大提高散热效果。某些电源上前后提供两个散热风扇，不管是哪一种散热方式，都是为了适应计算机周边硬件性能的不断提高。电源的瓦数提高，散热的加强也越显重要。

电源的背部是电源接口。通过电源线将外部交流电输入电源内部转换成主板、硬盘等硬件需要的低压直流电。

电源在机箱内的位置

电源外观

电源接口

将交流电转换成直流电后，电源提供了各种电源接头供各种接口硬件的使用。

随着SATA接口硬盘的普及，许多电源厂家也提供了SATA电源接头，方便SATA硬盘的安装。20PIN电源接头负责为主板提供电流。

各种类型的电源接头

SATA电源插头为扁平接头，为15PIN

20PIN电源接头

目前的Intel 9xx系列主板采用的是24PIN的电源接头，在选购的时候要记得和主板搭配。4PIN针脚电源接头主要用来提供CPU额外的电力需求。

D型供电接口是为硬盘、光驱提供电流。一般电源会提供三个以上的D型电源插头，方便多个硬件的安装。此外，我们还要注意电源上的卷标。卷标上面标注了电源的品牌与型号、电源的输出功率与输出电流强度及各种电源的安全认证。

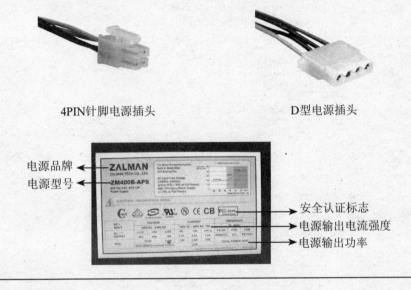

4PIN针脚电源插头

D型电源插头

电源品牌
电源型号

安全认证标志
电源输出电流强度
电源输出功率

3. 电源内部风扇

传统的电源采用的是12cm的散热风扇，但是随着计算机对电源提供功率的提高，电源本身的发热量也不断提高。这对风扇的散热能力提出了更高的要求。只有风量足够才能够保证热量及时排出。而提高风量可利用提高风扇的转速来实现，然而，转速提高，风扇音量也会急剧上升，对于需要安静环境下的人，这种噪音是无法忍受的。目前许多电源厂家推出了14cm的散热风扇，在更低的转速下，14cm的散热风扇风量面积比12cm风扇的面积增加了36%，散热效果更好，产生的噪音也很小。

电源内部的散热风扇

第 **3** 篇

市场购买实战篇

+ 硬件选购指南

第13章

13 硬件选购指南

在熟识各种硬件的规格，了解了如何比较优劣之后，本章将依照产品分类详细说明选购时面临的常见问题，协助您做出决定。

13.1　32位或64位计算机

买计算机是令人心动又头疼的事情，由于现在是32位计算机与64位计算机共存的时代，究竟选购32位计算机好还是选购64位计算机好呢？

其实必须根据不同的情况作选择，由于32位计算机在某些应用领域已经无法发挥作用，因此台式计算机向64位转型，但这并不代表32位技术无用武之地。

如果买计算机的目的很单纯，只是为了日常办公，那么32位计算机的性价比都是不错的，而且微软也同时开发了支持32位和64位计算机的两种Windows操作系统，例如目前使用率最高的Windows XP及微软日前发布的Windows Vista，因此无需担心32位机将来无操作系统的支持。

但如果您是较高级的计算机DIY一族或游戏玩家，那么建议您选购64位系统。目前已有为数不少的系统和软件支持64位，这是未来发展的趋势，例如Windows XP为了迎合64位浪潮，在2005年就推出了Windows XP 64bit Edition，而目前的Windows Vista更是由64位当主角。

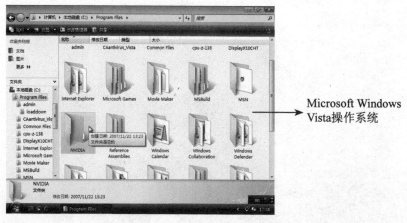

Microsoft Windows Vista操作系统

64位操作系统

13.2 Intel平台或AMD平台

决定购买32位或64位计算机后，还要考虑是组装Intel平台的计算机还是AMD平台的计算机。

通常，AMD的CPU在多媒体处理上要优于Intel，若需要玩计算机游戏，AMD平台则为首选；但如果要求系统能够稳定运行，建议还是购买Intel平台。

AMD标志 ←     → Intel标志

两大CPU 标志

散装CPU要比盒装CPU便宜这是事实，而散装CPU和盒装CPU的区别在于散装CPU从生产线出来后没有经过严格的测试（通常CPU在出厂前要经过严格的测试，以发现不良产品），且其保修期也没有盒装CPU的年限长，而盒装CPU是经过出厂前严格的测试，并且不论是AMD或是Intel的CPU都享有3年保修。因此如果在资金充裕的情况下，建议还是购买盒装CPU。而散装CPU虽未经测试，但也不是次品，甚至这其中还有能够超频的良品，因此在资金不足的情况下购买一块散装CPU也是物超所值的。

盒装的Intel CPU ←   → 散装的Intel CPU

两种CPU包装

13.3 CPU风扇的选购

CPU风扇作为CPU惟一的散热元件可是不能忽略的！

通常购买的盒装CPU都会附赠风扇，这种风扇是CPU厂家依照CPU的型号和效率设计的，绝对能够保证CPU拥有良好的散热环境。

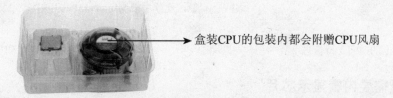

→ 盒装CPU的包装内都会附赠CPU风扇

原厂CPU风扇

但散装的CPU则必须自行选购风扇。而在购买风扇时一定要注意下列几项重点。

- **产品的口碑**：由于市场上CPU风扇质量良莠不齐，选购时一定要考虑产品的口碑。
- **搭配的合理性**：购买的CPU风扇类型一定要能够与CPU相配合，不同厂家的CPU搭配不同的风扇。
- **质料的选择**：为了顺应CPU的高散热量，许多风扇被设计为铜制产品（铜的导热性在金属里面仅次于银），但价格昂贵。而铜制散热片很重，安装时要特别小心。

铜制散热片风扇

AMD专用风扇　　　　　　　　　　　CPU风扇

13.4　主板的选购

主板的稳定性很重要，不论CPU有多强大，内存条容量有多大，如果主板无法予以支持，就不能充分展现计算机的效率，因此在选择主板时应考虑到以下几点。

1. 选择P4或K8

目前这两种芯片组技术都很成熟，因此只要根据所选购的CPU做决定即可。但不论是哪一种平台，最终主板不是由芯片组厂家生产的，主板的生产用料都由二级开发商决定。因此只要将芯片组类型定位好，然后选择一款知名品牌的主板即可。

2. 芯片组类型是否重要

芯片组的选择很重要，不同的芯片组功能也不同，可以参考前面介绍的主板芯片组类型选择。

从主板外包装上就能看出支持的CPU类型

主板外包装上面会标明芯片组类型，此款主板为Intel945P芯片组

包装上的CPU支持信息　　　　　　　　　　　包装上的芯片组信息

3. 是否需要内置显示芯片

如果只是办公，可考虑内置显卡芯片的主板，通常内置显卡芯片会共享主板上的内存，因此内存条的容量在购买时要选择大一些的好。但如果是图像处理或游戏所需，建议还是购买具有独立显卡接口的主板为好。

Intel 945P系列芯片组内置显卡，主板
上有连接显示器的D-Sub端口

内置显卡的主板

4. 是否需要支持双通道技术

使用双通道技术可以提高系统运行的效率，但首要条件是除了主板需要支持此功能外，还需要两条内存搭配使用。

支持双通道技术的主板

13.5　硬盘的选购

硬盘的选购可依循下列原则。

- 容量是否满足使用要求：市场上常见的硬盘容量在80GB至300GB之间不等。
- 价格是否合理：目前大容量的硬盘价格已经很便宜了。建议在资金允许的情况下，购买大容量的硬盘，这样用来存放电影、音乐也是值得的。
- 速度够不够快：通常现在的硬盘转速都能达到7200转/分钟，有的甚至达到了10000转/分钟。如果盒装硬盘标明为5400转/分钟，则这种硬盘多半是库存货，即使价格便宜，效率/价格比也不高，建议不要购买。
- 硬盘的Buffer是否够大：目前IDE硬盘的Buffer有2MB和8MB两种，而SATA硬盘的Buffer则统一是8MB，不久还会有16MB Buffer的硬盘。Buffer越大，硬盘的价格越高。
- 保修期是否够长：硬盘的保质期通常都在一年，保修期为三年。在保质期内非人为损伤厂家都免费负责维修，过了保质期而在保修期内则需要付修理费，因此硬盘在购买回来后，建议长时间开机测试硬盘的稳定性。
- 选择SATA和IDE硬盘：目前的主板大多能够支持SATA硬盘，SATA硬盘由于缓冲区大小、硬盘转速、容量大小、低热量、低电量等方面都要优于IDE硬盘，只是在价格上SATA硬盘略贵些，因此建议在资金充裕的情况下购买SATA硬盘。

13.6　内存条的选购

内存条的优劣直接影响系统的稳定性，内存条的规格也决定了系统的效率，因此选择内存条时要注意下列要点。

1. 选择DDR 2或DDR标准

选择哪一种内存条由主板决定，不同的内存条规格和接口不能混用。而现今的主流为DDR 2，若主板支持DDR 2内存条，就只能选择DDR 2内存条。

2. 选择哪一种规格的内存条

这需要参考主板外盒说明或主板说明书，通常主板的外盒上都会说明支持的内存条规格。需要强调的是，同一标准的内存条具有向下兼容性，例如主板支持规格为DDR 400的内存条，若购买了DDR 333的内存条也同样可以在主板上使用。不过，为了整体频率的均衡，系统会自动降低频宽。因此建议购买主板上标明的内存条规格！

3. 多大容量的内存条够用

这个问题要根据实际情况处理。如果操作系统为Windows Vista，并且主要是用来进行文档处理，512MB的内存就已经足够；如果经常运行大型的计算机游戏或影视设计，则需要至少1GB的内存条。这里还要考虑显卡是否为内置，内置显卡会占用部分内存，购买时可依据以上情况选择内存条的容量。

Windows Vista系统至少需要512MB的内存条才能顺畅运行

系统中的内存条容量

4. 是否需要一次购买两条内存条

若主板支持双通道技术，则购买两条内存条建立双通道是不错的选择，例如需要内存条的总容量为1GB，则可以购买两条512MB的内存条，不过要确保两条内存条为同一品牌、相同容量、相同频宽。

同一品牌、相同容量、相同频宽的两条内存条

13.7 显卡的选购

显卡作为信息输出的重要工具是不能忽略的，拥有一块独立的显卡能够使CPU节省不少数据处理时间，提高系统的运行效率，但是购买显卡要注意下列要点。

1. 不要盲目追求高档

首先要考虑购买显卡的需求，一块顶级显卡的价格足以购买一台笔记本电脑，因此如果不是超级游戏玩家或是钱多到没地方花，建议还是量力而为。其实即使是目前主流的游戏，一般的显卡也能应付自如。如果是游戏玩家，又要求游戏的流畅性，建议选择GeForce 7900GT或Radeon X1950这类高性能显卡。

GeForce 7900GT系列显卡   Radeon X1950系列显卡

高性能显卡

如果只是办公、看影片，那么GeForce 5200或Radeon 9550就能满足要求。

GeForce 5200系列显卡   Radeon 9550系列显卡

一般显卡

2. 选择AGP或PCI-E

这主要取决于主板支持何种接口，如果是以前的AGP接口主板，则需要选购一块性价比不错的AGP显卡。

现今的主板基本上都支持PCI-E显卡，而且价格越来越便宜！

AGP接口的显卡

PCI-E接口的显卡

两种显卡接口

3. 支持最新的DirectX 10

DirectX 10是微软提供的最新多媒体技术，其中包括3D的绘图加速技术、音响支持等，能够使游戏更流畅、音响更清晰。若想享受DirectX 10带来的玩游戏时全新3D效果，就需要挑选一块可支持DirectX 10的显卡。

13.8　光驱的选购

作为光学储存设备，光驱是一定要购买的，购买光驱时要注意下列重点。

1. 购买CD或DVD光驱

DVD光驱由于具备能够读取更大容量光盘、更高的速度，且价格大众化已成为市场主流，更多人在选购计算机时将DVD光驱选为基本配备。

DVD-ROM成为主流

CD-ROM已经渐渐离我们远去

两种光驱

2. 购买ROM或RW

如果经常使用光盘备份数据，DVD-RW是必备的。如果只是为了看影片而无须刻录光盘，还是选择DVD-ROM较实惠。

DVD-RW刻录机

13.9 LCD/CRT显示器的选购

显示器是人机交互的接口，因此计算机的"面子"问题也很重要。而LCD/CRT显示器的价位都普遍降低，现在的问题是如何选择"面子"和需要多大的"面子"。

1. 选择LCD或CRT

LCD具有低辐射、轻便、低耗电等特性，且价格比以前便宜了许多，虽然高端的LCD显示器价格仍然让人望而却步，但中、低端的LCD显示器已为消费者接受，如果资金允许可以购买17英寸以上的LCD显示器。

19英寸宽屏幕LCD

仍受部分消费者欢迎的CRT显示器

2. 选择多大屏幕的显示器

通常，越大的显示器越能提供较好的视觉效果。想一想，玩游戏时如果拥有够大的显示器，将能给人更逼真的游戏效果。同时考虑到目前应用软件功能菜单中内置了更多功能，显示器分辨率至少要达到1024×768才能完全看到这些功能，因此最好选择17英寸屏幕的显示器。而17英寸显示器早已成为市场主流，19英寸以上的显示器也已经投放到市场，如果预算允许购买一台19英寸LCD或CRT显示器将能带来更好的感官享受！

21英寸LCD显示器

3. LCD坏（亮）点保修

如果细心观察LCD显示器，可能会发现显示器某些地方会有针尖大小的亮点，这就是俗称的坏点。出现坏点是因为LCD面板是由一粒粒发光体组成，因此只要其中某粒发光点故障就会出现上述情况。坏点又是如何保修呢？

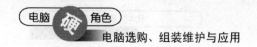

4. 厂家对LCD坏点的保修原则

由于液晶面板属于精密的高科技产品，目前的制造合格率并不能达到百分之百，因此厂家根据坏点的多寡来将LCD分为四个等级，而产品的价格也各有差别。

- 特级：产品能够保证无任何坏点。
- A级：3个坏点（含）以下。
- B级：8个坏点（含）以下。
- C级：坏点在8个以上。甚至出现整行坏点或整列坏点。

上述的等级划分的前提条件是，坏点均出现在屏幕四周，如果屏幕中央有坏点，即便只有一个坏点，也属于不合格的产品。

检查坏点时，通常将桌面设置成黑、红、绿、蓝、白五种不同颜色，其中黑色能够最明显的显示出屏幕坏点

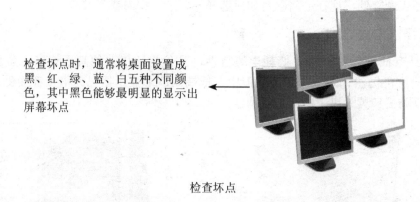

检查坏点

13.10 电源与机箱的选购

许多消费者在选购计算机硬件时往往忽略了对电源与机箱的挑选，在商家推荐后不仔细考虑就购买，其实具有这种心态的原因之一是认为机箱与电源都是计算机的附属品，只要有保护与供电的功能，优劣就无所谓了。

1. 机箱选购指南

上述这种心态是不正确的，机箱的薄厚直接影响主机的震动性，由于目前的机箱内除了CPU风扇会引起机箱震动，硬盘、显卡风扇、电源风扇、机箱风扇等都会引起机箱震动，这些震动过于强烈会导致硬盘出现物理故障，或造成机箱内部各硬件接触不良，直接影响计算机的稳定性，因此要尽可能挑选一款薄厚适中的机壳。并要注意以下几点。

- 组装的便利性：如果机箱的底座可以拉出或卸下，扩充槽采用拉轨设计，那么对日后的扩充周边硬件会有帮助。
- 固定架数量够多：如果打算将来扩充机箱内的硬件，比如加装硬盘、DVD光驱或内接式刻录机等，就应该选择固定架数量够多的产品。

可移动的主板托盘 ←

→ 机箱内固定架

- 收集硬件：购买时，记得检查所附配件，如螺丝和机箱后方的I/O背板，少了这些可能无法顺利完成组装！
- 机箱是否达到防护设计标准：由于机箱是由薄铁皮制成，因此机箱内侧边缘都很锋利，因此，机箱生产商在生产过程中都会将其磨圆以免在安装过程中割破手指。选购时要记得打开检验一下。

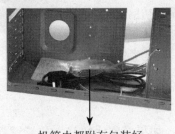

机箱内都附有包装好
的螺丝、I/O背板

机箱内侧边缘

- USB联机是否适合：如果购买具有前置USB插槽的机箱，要注意线路连接方式是否适合与您购买的主板连接，如果不清楚可以参考主板手册。
- 正确的散热：如果非常注意机箱内的散热，可以购买内置多风扇机箱，但风扇多不见得就能达到好的散热效果，只有正确通风才能达到最佳散热。

2. 电源选购指南

为了顺应将来的扩充需要，请购买输出功率大的电源以避免电力不足。同时，尽可能购买通过越多项安全认证的产品，至少在安全上能多一层保障。

除了要注意输出功率的规格外，选择品牌产品在质量与保修上会更有保障。一些电源大厂家，如Treetop、iCute等也生产机箱，可以考虑购买内附电源的产品，这样价格比分开买划算。

电源上都会有规格说明与安全认证标识

内附电源的机箱

13.11 键盘、鼠标的选购

键盘与鼠标等输入设备在选购上也是不可或缺的，通过本节的学习将能了解更多选购键盘与鼠标的学问。

1.键盘选购方法

键盘首先要符合自己使用习惯，同时还要考虑附加功能的多寡。

（1）习惯决定行动

一款外形高雅的键盘在设计上也要符合人体工程学，建议在选购时除了注意键盘设计是否美观外，还要敲击键盘感觉一下是否符合双手的使用习惯。通常键盘设计都会考虑到一般人的使用习惯，但由于最初的键盘并未考虑这些，用惯了普通键盘的人对符合人体工程学的键盘反而会不习惯，但如果您是一个新手，笔者强烈建议购买人体工程学键盘。

人体工程学键盘是新手的首选

（2）结合环境选购

这里所指的环境是指键盘的放置位置，如果空间比较挤，放置键盘的空间小，就只能考虑购买普通的矩形键盘或更小的笔记本型计算机键盘，如果空间够大，人体工程学键盘是首选，当然无线键盘也是不错的选择。

（3）功能键简化操作

多媒体键盘上多出一排按钮是做什么用的呢？其实这是生产厂家附加上去的功能键，通过这些功能键无需通过鼠标操作，即可快速启动IE、Outlook Express等程序。

普通键盘在拥挤的空间中是最佳选择

功能齐全的键盘，能让您摆脱用鼠标操作的历史

2.鼠标的选购方法

鼠标与键盘相同，不但要耐用，最好还要能符合人体工程学，在此笔者首推人体工程学鼠标。

（1）适合长时间使用的人体工程学鼠标

由于鼠标需要用手握住才能操作，若操作时间长会造成手的酸麻感，而符合人体工程学的鼠标是专门设计防止人手过于劳累的。

专门设计的人体工程学鼠标

（2）无线鼠标移动更方便

若觉得有线鼠标拖着一条尾巴很不方便，笔者建议可购买无线鼠标，不但移动方便，携带也便捷。

（3）高灵敏度的光学鼠标

光学鼠标具有高灵敏定位的特性，目前已经普及，市场售价也不贵。

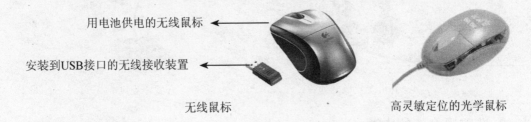

用电池供电的无线鼠标

安装到USB接口的无线接收装置

无线鼠标　　　　　　　　　　　高灵敏定位的光学鼠标

13.12 音箱、麦克风、摄像头的选购

在购买音箱、麦克风之前要先了解主板所支持的声道标准，以防选购错误。

1. 选购音箱的方法

- 主板支持何种声道：通常在主板的说明书中都会有内置声卡的标准，如果无法通过计算机了解内置声卡的标准，可以查询主板说明书。目前计算机普遍采用的是2.1声道和5.1声道的内置声卡，而7.1声道尚未普及。

- 2.1声道音箱是价格与质量的平衡点：2.1声道的音箱会比2声道贵一些，不过由于2.1声道音箱多了一个重低音音箱，能够展现更好的重低音震撼效果，而且2.1声道只要搭配一般的声卡即可，如果对音响要求不是特别高，2.1声道是不错的选择。

- 5.1声道或7.1声道音箱，是建构家庭电影院的最佳选择。如果主板支持5.1声道或7.1声道，观看影片将能够享受到来自四面八方的震撼效果，玩游戏则更有身临其境之感。

2.1声道的音箱　　　　　5.1声道音箱，能体会到来自四面八方的震撼效果

2. 选购麦克风的方法

麦克风通常分为两种，它们分别为台式麦克风和耳机麦克风。台式麦克风的功能单

一，价格也相对便宜。

选择耳机麦克风首先考虑佩戴是否舒适，若长时间佩带不适合的耳机，耳部会有刺痛感。其次还需要考虑数据线的长度，通常耳机的数据线长度在1.8m～3m不等，购买前必须考虑需要多长的数据线，以免买回家后因数据线过短而无法连接计算机！

耳机麦克风

台式麦克风

3. 选购摄像头的方法

市面上五花八门的WebCam应当如何挑选呢？笔者提出以下三点建议。

- 比较功能与价格：购买之前要先了解WebCam具有什么功能，然后依照这些功能分析自己需要哪些功能，通过排除法挑选出比较满意的产品，再从中选择一款最适合的产品。
- 产品造型的选择：WebCam的造型各具特色，选择一款造型独特的WebCam不但能展现出独到的眼光，也能表现个人特色。

WebCam各具特色的外形令人眼花撩乱

- 是否需要附加功能：除了WebCam自身的摄像功能外，某些厂家还会说明自家产品附加的其他功能，例如：麦克风、闪光灯、自动脸部追踪等，增加实用性，不过价格也会相对提高许多。

13.13　换货与保修

选择硬件除了比较价格与规格外，必须注意产品的保修与换货规定，以避免日后送修的麻烦，增加不必要的损失！

1. 谁来保修

通常保修可以分为原厂家（或代理商）保修和店家保修，原厂家（或代理商）保修如ViewSonic所提供的三年保修期内免费上门服务，店家保修则是指售后服务，这也是我们最常利用的保修方式。

- 原厂家（或代理商）保修：原厂家依据产品上的保修卷标和保证书提供保修，如果是保修标签，要小心不要损坏，否则店家可是不认帐的。而产品保证书在购买时记得要请店家盖章、并妥善保存。
- 店家的售后服务：店家在出售商品的同时也会贴上自己的保修卷标，有了这张卷标才能够享受店家的售后服务（例如：检测、送修等），因此购买时要注意店家是否有贴。如果有发票，记得一并保存。

2. 换货注意事项

一旦购买的产品因质量问题需要更换，就必须在换货前注意下列要点：

- 记得店家的联络方式：购买时要索取店家名片，以方便找到店家。
- 注意产品的保修年限：某些产品如LCD显示器，虽然厂家标榜三年保修，其实还要细分为面板保修一年其他部分保修三年。
- 而标榜终身保修的盒装内存条，其终身免费换新的服务是由厂家的直销店、维修中心和代理商负责，如果消费者到店家换货，可能需要付额外的费用，因此要先询问清楚。
- 注意换货期限：换货期限一般是七天，七天内的故障以新品更换，部分特殊商品会另有规定，超过七天但在保修期内只能更换良品。在购买的七天内要尽可能测试计算机硬件，以发现问题及时更换。
- 详细记录商品故障的情况：换货时店员会询问产品的故障现象，如果能详细的说明商品故障情形，容易早点换到货。
- 换货地点：只要带着贴有原厂家或店家保修卷标的产品到原购买店换货即可，如果有争议，在店家不肯换货时可以联络原厂家或代理商。

第4篇

计算机DIY完全组装流程篇

- 组装过程概述
- 打开机箱侧板准备安装
- 将CPU和风扇安装到主板上
- 将内存条安装到主板上
- 将电源安装到机箱内
- 将主板安装到机箱内
- 将光驱安装到机箱内
- 将软驱安装到机箱内
- 将硬盘安装到机箱内
- 将电源线、机箱数据线接在主板上
- 将显卡安装到主板上
- 将网卡安装到主板上
- 装回机箱侧板，连接键盘和鼠标
- 将显示器数据线装到机箱背板
- 安装其他外围设备与故障排除
- 硬件系统初始化设置

第14章

14 组装过程概述

科技的发展让电子组件的性能日益提升，计算机组装也日趋简单。组装的意义在于熟悉硬件、了解硬件、为解决常规硬件故障作准备，或从中体验DIY的乐趣等。从本章开始，将循序渐进的讲述计算机的组装流程。在开始组装前先掌握整个流程以利于学习，做到胸有成竹并顺利地完成组装任务。

14.1 准备组装工具

计算机组装工具不多，组装前先准备一个十字改锥、一把尖嘴钳，若能佩戴防静电手套则更好。

1. 准备组装工具

- 十字改锥：计算机上大多数硬件皆以螺丝固定，十字改锥是组装计算机必备的工具。

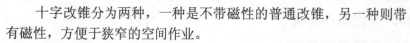

十字改锥分为两种，一种是不带磁性的普通改锥，另一种则带有磁性，方便于狭窄的空间作业。

笔者建议选择一把具有磁性（可吸附螺丝）的十字改锥，这样在安装的过程中就算螺丝不慎失手掉落，还可以从硬件间隙间轻松捡回螺丝。

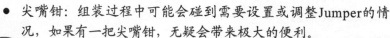

- 尖嘴钳：组装过程中可能会碰到需要设置或调整Jumper的情况，如果有一把尖嘴钳，无疑会带来极大的便利。

技能充电

什么是Jumper？

Jumper能将两支相邻针脚加以连接，也就是所谓的短接（Short），在主板、硬盘和光驱等设备上都需要用它来设置状态。

- 防静电手套（环）：从名称上即可判断此物的作用，防静电手套是用来保护硬件的，防止由于手上带有静电在与硬件接触时损伤硬件。

2. 检查硬件

组装前还要检查一下购买的硬件是否齐全。包装中的硬件是否缺少相关配件，如果缺少应立即找店家询问，避免组装过程中发现少这少那引起争议。

14.2 了解DIY组装流程

确认准备齐全后就先来了解组装流程。首先是传统的计算机组装流程：

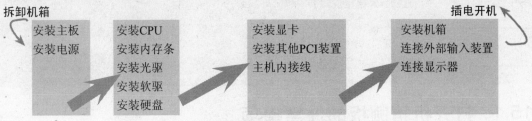

传统的计算机DIY组装流程

通过此图不难发现组装流程中有疏忽的地方，在主板安装到机箱后再安装CPU和内存条，使得安装过程中，必须将双手伸进计算机里安装小硬件，不仅麻烦还容易割伤双手，但这却是一般书本教人安装的方法；也许因为以前都这样装，大家都一直沿用这种方法吧！

本书将重新调整安装流程，请见下图：

重新调整后的计算机组装流程

通过上面两个图不难比较出它们之间的差别，重新调整后的计算机安装流程中，首先将CPU和内存条安装到主板，然后再将主板安装到机箱中，这样就避免了安装过程中机箱空间拥挤却又要安装小硬件的麻烦！

看完了上面的组装流程，应对组装过程有了大致的了解，下一章将正式开始计算机DIY的组装之旅，准备好了吗？

第15章

15

打开机箱侧板
准备安装

机箱拆卸是组装计算机的第一步，目前大多数的机箱都采用侧板安装方式，如果购买的产品与书中的不同也没关系，直接参考机箱说明书操作即可。

15.1 打开机箱侧板的注意事项

打开机箱侧板虽然非常简单，但也要注意一些问题。

1. 双面机箱侧板都要卸下

在打开机箱的过程中要注意机箱两面的侧板都要卸下，这是因为硬盘、光驱、软驱等需要在两侧安装螺丝。

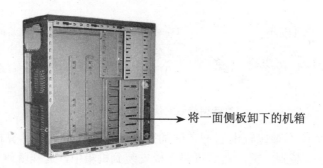

→ 将一面侧板卸下的机箱

2. 保存螺丝

机箱拆卸下来后最终还要安装回去，因此拆卸下来的螺丝要妥善保存，建议找一个盒子专门存放拆卸下来的螺丝。

3. 将机箱盖立放

这是为了避免不小心踩到或移动其他物品时，造成机箱盖变形而无法安装回去。

15.2 打开机箱侧板流程

打开机箱时记得要保存好卸下来的螺丝，下面是操作过程。

1. 通常机箱背面会有4~6颗螺丝，分别固定两面侧板，直接以十字改锥将其转下即可。

2. 转下螺丝后，即可将侧板先往后平移，再稍向上、向外侧轻轻抬起，即可将其卸下。

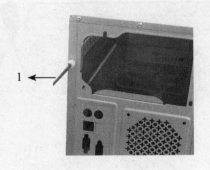

1 ←

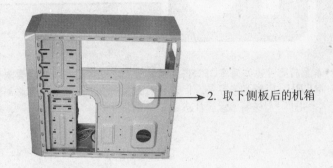

2. 取下侧板后的机箱

注意事项

将机箱侧板取下后所附带的螺丝包等零件也应当一并取出，妥善放置，稍后将会用到。

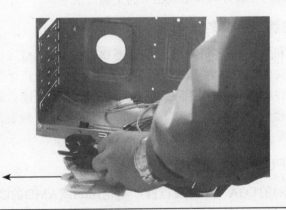

应将螺丝等零件取出 ←

第16章

16

将CPU和风扇安装到主板上

本章将要讲述如何将CPU安装到主板上。一些同类书本会要求先将主板安装到机箱里然后再安装CPU、风扇和内存条，但这样的安装方法并不理想。若想高效地组装一台计算机，首先应从CPU和CPU风扇的安装开始。

16.1 安装CPU需要了解的问题

CPU是一种高精密的硬件，开始安装之前必须先了解它的特性，例如CPU针脚的脆弱性、正确的安装方向和拿取CPU的正确方法等。

1. 防静电手套的重要性

计算机硬件中最怕静电的恐怕要属CPU和RAM（内存条）了。安装CPU时戴上防静电手套，不但能够防止手上静电损伤硬件，同时也能保证CPU不会沾上手上的汗渍。若没有此种手套也无须担心，操作前只要用双手接触一些金属物品也可以将手上的静电"放"掉。

戴上防静电手套再打开CPU
包装以免对CPU造成损伤

2. CPU针脚的脆弱性

在Intel的LGA 775封装以前，不论Intel或AMD的CPU都是采用Socket封装技术。Socket封装的CPU特点就是采用针脚做为接触点，由于CPU针脚的脆弱性，在安装采用Socket封装的CPU时一定要注意不要碰断CPU的针脚。但如果购买的是Intel LGA 775封装的CPU则无须担心，因为LGA 775的CPU采用无针脚设计，借助于CPU插座上的弹簧片进行连结和密合。而AMD公司出品的CPU目前依然采用Socket封装技术。

Intel的LGA 775封装CPU

AMD的Socket封装CPU

3. 正确的安装方位

不论是哪家厂家生产的CPU，与主板的CPU插槽之间都有方向性，如不能正确的将CPU放置到CPU插槽，而是盲目粗鲁的去放置，轻则造成CPU针脚变形，重则折断CPU针脚，如果是LGA 775的CPU则在放置时还会有凹口，只有与CPU插槽正确的接合才能使用，否则无法将CPU放置进去。

LGA 775封装的CPU凹口　　　　　　　　　LGA 775封装的主板CPU插槽

4. 拿取CPU的正确方法

正确拿取CPU也很重要，注意用手指拿取CPU的任意两边边缘或边角，就是不要碰触CPU的金属接触点，因为CPU的金属接触点遇到人体汗液容易氧化，会造成接触点与插槽的金属触点接触不良，还有可能因为静电造成短路问题使得CPU损坏无法使用。

16.2　CPU安装流程

CPU的安装方法如下。

操作1：打开固定器

先将CPU的固定器打开，才能顺利安装CPU。

1. 一开始须将CPU插槽上的拨杆向下朝外扳开，并将固定器打开。
2. 扳开防护盖与固定器。

固定器在防护盖下方 ←

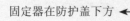

3. 转动插槽拨杆至下方。
4. 将CPU防护盖掀起抽开。

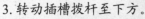

抽开防护盖后就可以安装CPU了。特别注意不要碰触接触点，以免造成CPU与接触点之间接触不良。

操作2：安装CPU

以下是安装CPU的操作，请注意前面所提及的拿取CPU的注意事项。

1. 由于CPU本身也有防护盖保护，因此需要将其取下，以手指抓住CPU两边，不要碰触CPU的金属触点，并将CPU两边的凹口对准插槽上的凸缘。

2. 对准CPU插槽垂直放好CPU。

3. 将固定器盖回。

4. 将拨杆压回插槽，完成安装。

从主板插槽和CPU上取下来的防护盖要好好保存，不要弄丢，如果丢失以后拆卸CPU就没有保护措施了。

看起来不起眼的防护盖，
可是插槽和CPU的保护神

16.3 安装CPU风扇需要了解的问题

风扇主要的功能是散热，安装时除了要注意CPU风扇与CPU紧密结合之外，还要均匀涂抹散热膏。

1. CPU风扇要和CPU紧密结合

CPU风扇和CPU紧密结合才能发挥散热的作用，否则会因为CPU温度过高而无法进入系统。新出品的CPU都具有防止过热的保护机制，当CPU达到一定的温度时会自动关闭计算机以防止CPU烧毁。而较早的CPU不具备此功能，所以容易因温度过高而烧毁，因此安装CPU风扇一定要确保与CPU有良好的接触。

CPU风扇和CPU紧密结合

2. 涂抹散热膏

散热膏是CPU和风扇之间传输热量的桥梁，是一种特殊材料制成的导热体，如果没有均匀的涂抹，散热膏起不了导热作用。可喜的是目前很多CPU风扇都已经涂抹了散热膏，因此无需亲手操作，若发现有未涂抹散热膏的风扇，相信其质量也不会好到哪里去，建议还是购买盒装产品。

16.4　CPU风扇安装流程

CPU风扇的安装方法如下。

操作1：将风扇四角对准螺丝孔位

选购的盒装CPU都附有散热风扇。下面以Intel原装风扇来示范安装过程。

1. 将原装风扇取出。找到CPU插槽周围的四个孔位，确保风扇固定正确。

2. 将风扇四角对准相对应的CPU插槽孔位置然后下压；注意别压裂了主板。第一次安装时，要一次次的逐渐用力压下，这样可避免一次用力过度而压裂主板。

操作2：固定风扇、连接电源线

对准孔位之后接下来要将风扇固定好，并连接风扇电源线。

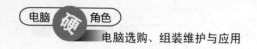
　　1. 将两只手的拇指与食指平放到风扇的四个卡榫上，然后均匀用力垂直按下，确认每个卡榫都已经牢固。

　　2. 连接风扇电源线。通常风扇电源插座位于CPU插槽附近，找到后只需将风扇电源线依据防接反装置的设计方向插入即可。

→ 固定好的CPU风扇

　　防接反设计主要是为了防止将连接线插反。

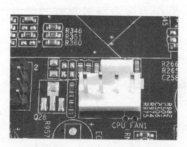

防接反设计的风扇电源

将内存条安装到主板上

安装内存条其实没什么大的学问，只需要注意安装的力度，并且依照下列注意事项安装即可。

17.1 安装内存条的注意事项

内存条是非常精密的硬件，因此安装的时候一定要注意以下几点。

1. 防静电手套的作用

在前面一章中已经强调戴上防静电手套能够保证CPU和内存条不会受到静电的损伤，同时还能保证手上的汗渍不会沾染硬件防止短路，这里再次提到的目的就是提醒用户注意这一点。

然而，如果没有准备防静电手套就真的不能安装了吗？事实也非如此，只是风险高了一些。要注意在安装前，先让自己接地放电，并在拿取时注意不要碰到金属部分，如CPU的针脚、内存的金手指等。

2. 确认内存条类型的重要性

不了解主板DIMM接口的标准而买错了内存条是绝对安装不了的，关于不同标准的内存条之间的区别，在前面已经介绍过，此处不再说明，这里只是强调一点，如果用户无法将内存条安装到DIMM接口上，千万不要急躁和用力安装，而要知道造成无法安装的原因只可能有两点：

- 内存条买错了（标准不对）应立即更换。
- 没有依照防接反设计的方向进行安装。

正确的按照防接反设计
的方向安装，才能成功

有防接反设计的内存条插槽

3.不同品牌的内存条避免混用

不同品牌的内存条之间会产生冲突，这主要是因为不同品牌的内存条所使用的芯片组不同；另外须知道同一品牌、不同频率的内存条，系统会自动依照频率较低的内存条标准降频使用，因此建议避免这两点。

4."单通道"与"双通道"两种安装的区别

现今的主板都支持双通道技术，而用户只购买了一条内存条或者两条或多条不同容量的内存条，都将无法使用双通道功能，只有具备同品牌、同频率、同容量的内存条才能组装双通道。

如果主板不支持双通道技术，那么内存条插在哪个DIMM接口中皆可。

如果主板支持双通道，但内存条容量不同（例如，一条256MB的、一条512MB的）也无法建立双通道，这时只需随便插入其中两个DIMM接口即可，主板会依照单通道的方式工作。

双通道的具体安装方法请参考本章第3节说明。

17.2 内存条安装流程

本节将先向读者说明非双通道内存条的安装方法，并请正在参考本书安装过程的DIY一族注意，一定要依照防接反设计的方向安装，下面是详细的安装流程。

1.将内存条插槽两侧的固定扣向外扳开到最底。

建议用户先从标有"DIMM0"的插槽开始安装，通常最靠近CPU一侧的就是DIMM0

扳开固定扣

2.比对内存条针脚上的缺口是否与插槽上的相符，确认后将内存条垂直插入插槽中，双手拇指按在内存条顶部，并垂直、平均用力将内存条压下。

第一次组装时，建议您用由小而大逐渐加力的方式，将内存条插入插槽中，一是可找到最适合的施力大小，二是可避免压坏主板。

这样，内存条就安装成功了。

插入内存条后，插槽两边的固
定扣会向内靠拢并卡住内存条

安装完成

在安装内存条时，由于主板的背面很脆弱，为了防止损伤主板组件，请在主板背面垫上软质物品。

17.3 双通道内存条安装方法

双通道内存条的安装方法就是插入两条内存条，没有什么特别；因此本节将讲解重点放在双通道内存的配置准则上。

下面假设主板是标准的四个DIMM接口，双通道内存条具有以下配备准则。

1. 两条或四条内存条配置准则

支持双通道的内存条插槽通常会以颜色加以区分，相同颜色的插槽为同一组双通道。

相同的颜色表示是同一组双通道

2. 三条内存条配备准则

当主板上只有三个内存条插槽时，这种主板只有一组双通道，即在色彩相同的两条插槽上安装内存条时就是双通道模式，如果三个插槽都插满，就会变为单通道模式。

如果采用其他方式安装内存条，都将导致主板采用单通道运行模式。

18

将电源安装到机箱内

前面完成了CPU、内存条在主板上的安装后，我们先将这装好的硬件放在一旁，并在这一章完成将电源安装在计算机里的程序。

18.1 安装电源的注意事项

电源的安装并不难，只要注意电源的方向即可。很多人不懂得电源的安装方向，因此会误以为主板后面所留的孔位和电源的不符，正确的电源安装方向可以从后面的电源线插槽来判断，通常电源线插槽的三个针脚位成正三角形。

正确放置的电源，电源线插槽内三个针脚呈正三角形 ←

如果用户没有依照正确的方向放置电源，则会出现倒三角形的效果，此时电源无法正确安装。

18.2 电源安装流程

由于一些机箱内已经附有电源，这时可省去这部分的安装流程，不过学习安装方法，还是有助于将来更换升级Power时派上用场。安装电源的步骤如下：

1. 先将电源平稳移动至机箱内侧上方预留的位置中，并顺势推到机箱的后方底部。
2. 接着锁上螺丝即可。

操作完成后，请顺便检查后
方的螺丝孔位是否一一对应

 注意事项

　　不要完全将四个螺丝都锁上，请先都锁到一半，然后调整电源供应器到合适位置后再一一锁紧螺丝。

　　有些电源提供了110V与220V的切换开关，如果你的电源有这种装置，请检查电压调整按钮是否调整到220V，否则重新调整即可。

将主板安装到机箱内

主板是整个计算机的基础结构，没有主板将各种硬件连接在一起，这些硬件将无用武之地。前面两章分别将CPU、内存条安装到主板，并在机箱内装上了电源，下面将说明把主板安装到机箱的过程。

19.1 安装主板的注意事项

主板上的硬件如CPU、内存条都已经安装完成了，下面将把主板安装到机箱内，不过主板的安装可说是最麻烦的，因此总结以下一些常见的问题提供给您参考。

1. 安装前比对孔位是否符合

主板和机箱底板都会有多个螺丝孔位（而机箱孔位要多于主板孔位，这主要是由于不同的主板设计的孔位不同，为了兼容大部分主板，机箱底板会采用多孔位的设计，以符合多数主板的要求），在安装前需要先对孔位进行比对，以确定底板哪些孔位与主板孔位相符。

2. 请先安装机箱底板铜柱

主板并非直接安装到机箱底板上的，首先需要在机箱底板上安装铜柱，然后再将主板固定在铜柱上，目的是悬空主板，防止主板电流通过机箱流出或发生短路，铜柱一般会随同机箱附赠，在机箱包装内即可找到。

3. 不能忽略的I/O背板

用于固定并悬空主板的铜柱

在买机箱时会附赠I/O背板，而购买的主板包装盒内通常也会附赠I/O背板。到底选择哪种更适合？这要看你选购的主板不同而定。

- 主板如果使用兼容的I/O背板，则建议使用机箱附赠I/O背板，这样背板将能和机箱连接得更为紧密，防尘效果更好。
- 主板如果使用专用的I//O背板，则只能使用随主机附送的I/O背板了。

19.2 主板安装流程

首先将需要的零件准备好，包括铜柱、I/O背板、十字改锥、尖嘴钳，然后依照下列步骤安装主板。

操作1：安装主板

1. 安装前比对主板的孔位后锁上铜柱，这时用尖嘴钳即可将其锁上（如果感觉使用不便，直接用手也可）。

2. 在继续安装主板前，亦要确定I/O背板已安装。

3. 确认结合完好后，再放入主板，稍加用力将主板往I/O背板方向推，并顺势将其放下。

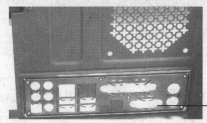

在放入主板前应先将I/O背板安装上

注意事项

若安装困难，有可能是由于I/O背板设计不合适，这时只需找到主板附赠的I/O背板替换即可。

操作2：锁上固定螺丝

用手调整主板的孔位，使其与铜柱孔位相对应，然后依序将其锁上即可（如果用户已经安装了几个螺丝，则应注意不要安装得太紧，以免主板无法移动）。

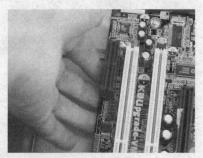

这样，主板就安装好了。

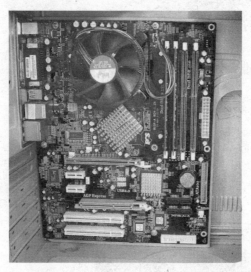

安装后的主板

在锁上螺丝时要注意不要锁得太紧，等到全部将螺丝固定到铜柱上后，再一一锁紧。

将光驱安装到机箱内

目前光驱、刻录机与大多数硬盘仍然采用IDE接口的连接方式，因此许多安装过程中涉及接口的一些问题都会在第一节中提到。

20.1 安装光驱的注意事项

光驱在安装前需要了解一下容易被忽略的问题。

1. 是否需要设置Jumper

不论使用何种主板，最多只有两个IDE接口，每个IDE接口可以连接两个设备，如果用户将硬盘和光驱通过IDE数据线连接到一个IDE接口上，就需要调整设备的主/从（Master/Slave）配置了。

光驱的主/从设置处，MA表示该光驱被设置为主设备

如何调整呢？其实不同厂家的设备，Jumper设置的方式都不相同，不过通常需要设置Jumper的设备在其设置处都会标示连接方式。读者只需查看产品说明书就能明白。

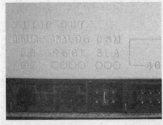

光驱在其Jumper设置处会标示设置方式，SL表示该光驱被设置为次设备

2. 数据线与IDE

主板包装内一般都会附赠连接IDE设备的数据线。

包装内的数据线　　　　　　　　　　　　　　　　　　主板IDE接口

数据线需要与主板的IDE接口进行连接，前面已经介绍了IDE接口，此处就不再说明。

3. 用Cable Select自动决定装置的顺序

Cable Select是一种自动判定主从设备的方法，但必须配合使用80-Pin的IDE数据线才行。因此，生产商通常会将这种数据线内附在主板包装中，因此如果您购买的主板中附有这种数据线就省事多了。

当设备连接到此位置，则判定为主（Master）设备　　　　　　　　当设备连接到此位置，则判定为次（Slave）设备

80-Pin的主板数据线

而在设备上只需调整Jumper到Cable Select跳线即可。

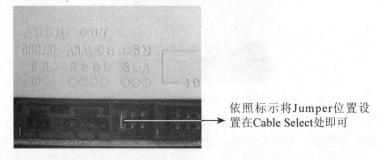

依照标示将Jumper位置设置在Cable Select处即可

所以，如果您有两个设备需要连接在同一条数据线上，可以将Jumper设置在Cable Select处，然后根据IDE设备安装在数据线上的位置，直接决定主/从配置。

20.2　光驱安装流程

把光驱装入到机箱内的步骤如下：

1. 从机箱里面将5.25英寸的前方挡板推出，并顺势取下。

2.将光驱从机箱面板前方水平插入。

3.确认光驱的面板是否与主机面板对齐，并确认螺丝孔位。

4.旋上两边侧面的四个螺丝即可。

注意事项

　　拆卸挡板的位置可依照自己的喜好，没有绝对的顺序

　　如果前面板已经对齐而侧面的孔位无法对齐，一种方法是更换机箱，否则为保证光驱能够固定，就只好舍弃前面板的对齐原则。

第21章

21

将软驱安装到机箱内

安装软驱的方法和光驱类似，需要注意的只是连接时的防接反接口与连接方式。

21.1　安装软驱的注意事项

安装软驱之前，先来了解一下必要的注意事项。

1. 软驱的防接反设计

软驱插槽与电源接头都有防接反设计。

电源插槽也有防接反设计

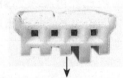

软驱的电源接头为4-Pin插槽，也采用
防接反设计，这里有个凹槽必须对准

2. 软驱数据线与电源线

软驱的数据线要比IDE数据线窄，并且具有方向，错误的安装方式将导致软驱无法读取磁盘。

反折部分，代表此端
必须连接在软驱上

此端连接主板
的FDD接口

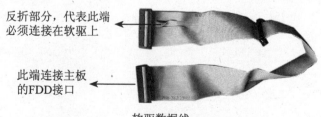

软驱数据线

21.2 软驱安装流程

把软驱装入机箱内的步骤如下。

1. 从机箱内部将3.5英寸的前方挡板推出并顺势取下。某些经过造型设计的机箱不需拆下前方挡板，这时请直接在机箱内将软驱体水平放入。

2. 确认软驱的面板是否与机箱面板对齐，并确认螺丝孔位。不需对齐面板的机箱，只要确定螺丝孔位和机箱前方面板上的软盘磁盘退出按钮，能准确对准机箱内软驱的磁盘退出按钮即可。

3. 旋上两边侧面的四个螺丝即可。

第22章

22

将硬盘安装到机箱内

安装硬盘的方法其实很简单，由于目前市面上的硬盘分IDE与SATA两种，因此本章将分别介绍这两种硬盘的基本安装方法及这两种模式共存下的安装方法。

22.1 安装硬盘的注意事项

由于目前硬盘主要分为两种接口，因此难免会产生一些问题，例如如何让IDE硬盘与SATA硬盘共存呢？设置后会不会发生冲突呢？相信下面的内容一定解决上述的问题。

1. IDE与SATA接口

前面已经介绍过IDE与SATA接口了，现在让我们通过图片来看一下这两种接口的不同处。

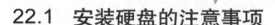

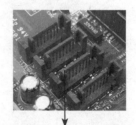

IDE硬盘数据线插座采用防接反设计，因此在安装数据线时要注意方向

这里可以看到SATA硬盘接口插座的"L"型防接反设计

IDE硬盘的数据线插座

SATA专用的数据线插座

2. IDE与SATA电源插座

最初SATA硬盘的电源插座采用与IDE硬盘相同的设计。

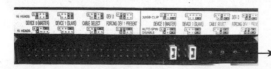

SATA硬盘的电源插座与IDE硬盘的电源插座相同

但目前新一代的SATA电源插座，大多都采用"L"型这种设计方式。

→ 采用"L"型防接反设计的SATA硬盘电源插座

3. 数据线及电源线

IDE的数据线与电源线在安装光驱时已经介绍了，所以下面就来看一看SATA硬盘的专用数据线与电源线。

SATA硬盘数据线

SATA硬盘电源线

4. 两种硬盘共存问题

其实两种硬盘（IDE硬盘与SATA硬盘）共存于一个机箱内完全不会产生冲突，需要由哪一个硬盘作为开机盘只需在BIOS中设置即可（后面会讲到关于在BIOS中如何设置开机设备的问题）。不过，自从主板在结构上增加了SATA接口后，主板的IDE就少了一个，因此这里需要用户注意的是，如果机箱内既有光驱又需要安装IDE硬盘，就只能让两者共享一个IDE数据线，并且无法再增加IDE设备。

22.2 IDE硬盘安装流程

把硬盘装入机箱内的步骤如下：

1. 将硬盘安装于机箱内部3.5英寸的前方挡板中的位置，要安装两个IDE设备时，可视IDE数据线的长度来决定安装在机箱中的位置。

2. 将硬盘放入硬盘框架中，并确认两侧的螺丝孔是否已经对准了硬盘的固定孔位，然后旋上螺丝即可。

通常机箱内侧前方挡板能够安装多个硬盘

第23章 将电源线、机箱数据线接在主板上

完成前面的安装后，机箱内一些基本的设备都已经安装完成，接着所要做的就是将各种数据线（光驱数据线、硬盘数据线、软驱数据线）连接到主板上对应的插槽中，同时也需要将电源线连接在主板与各种设备上，最后将机箱数据线连接到主板上，机箱内的组装部分就算大功告成！

23.1 连接数据线的流程

操作1：连接光驱的IDE数据线

1. 将数据线对准光驱的插槽，并依照光驱防接反设计的方向插入数据线接头。

2. 将接头垂直插入插槽中。

3. 将数据线另一端插到主板的IDE插槽上。

 注意事项

将数据线放置到机箱外侧，主要是为了防止各种连接线都集中在机箱内过于凌乱，造成安装其他设备时的困扰。

操作2：连接软驱的FDD数据线

1. 将数据线对准软驱的插槽，注意要依照软驱防接反设计的方向插入数据线接头。

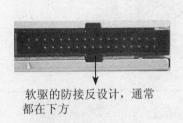 

软驱的防接反设计，通常
都在下方

2. 将接头垂直插入插槽中。

3. 将数据线另一端连接到主板上对应的插槽。

 补充说明

　　主板的FDD插槽与IDE插槽外观相似，
其实只要仔细分辨，可以看出FDD插槽比较
短。

IDE插槽

FDD插槽

操作3：连接IDE硬盘的数据数据线

1. 注意硬盘数据连接接口的防接反方向。

2. 将接头垂直插入插槽中。

3. 将数据线另一端连接到主板的IDE插槽上。

 注意事项

如果主板上只有一个IDE接口，则要本着主/从关系确定安装顺序。首先需要确认系统是否要从IDE设备开机，如果是从IDE设备开机，那么硬盘与光驱的安装顺序最好能按照右图的方式配置。

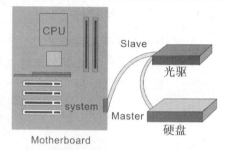

将硬盘连接到Master接头上，
光驱连接到Slave接头上

操作4：连接SATA硬盘的数据数据线

1. 看清数据线防接反方向。
2. 将接头垂直插入插槽中。
3. 将数据线另一端连接到主板的SATA插槽上。

 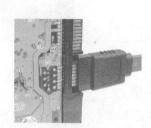 

23.2 安装电源线的注意事项

电源线的用途很多，如：主板、硬盘、光盘、软盘，电源等，虽然有那么多硬件都需要它，其实接头总共只有四种。

- 连接IDE设备的4-Pin接头，需将其连接到IDE硬盘、光驱等设备上。
- 专用于供应CPU电源的+12V "田" 字接头，须将其连接到主板接近CPU部位的 "田" 字插座上。

- 双排、24支针脚设计的ATX2.0主板电源接头，将其连接到主板的24孔电源插座上。
- 专用于SATA硬盘的SATA电源接头。

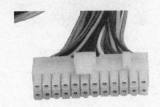

熟悉电源各种接头后，下一节将讲述安装过程。

23.3 电源线安装流程

操作1：安装主板电源线

1. 找到24-Pin电源接头，将防接反用的固定扣置于同一个方向。
2. 顺势下压即完成安装。

操作2：安装12V电源线

找到4-Pin+12V"田"字型电源接头，并对准主板插座部位，顺势下压完成安装。

操作3：安装光盘、硬盘电源线

1. 找到一个4-Pin电源接头，依照光驱电源插座的防接反设计方向顺势插入。
2. 找到一个4-Pin电源接头，依照硬盘电源插座的防接反设计方向顺势插入。

操作4：安装软驱电源线

1. 找到最小的4-Pin电源接头，并查看防接反设计方向。
2. 对准后顺势推到底，完成软驱电源线的安装。

操作5：安装SATA硬盘电源线

1. 找到SATA硬盘专用的电源接头，查看防接反设计方向。
2. 顺势推到底完成SATA硬盘的电源线安装。

23.4 安装机箱数据线的注意事项

用户在主板上会看到一些指示灯或按钮的接线插头，下面需要对这些接线插头进行说明，同时也要介绍一下主板上的灯钮线排针。

1. 认清主板各种灯钮线

主板上通常会有四组灯钮线。

- POWER SW：电源的开关
- POWER LED：电源指示灯
- Reset SW：重启开关

● H.D.D LED：硬盘状态指示灯

2. 认清主板灯钮线排针

当用户在安装这些灯钮线时必须留心它们的正极方向，通常会以"+"或"Pin 1"注明；另外也可以由接线判断，通常会以彩色线（如红、绿、黄等）代表正极，白色或黑色代表负极，因此要注意区分。

3. 灯钮线的连接

灯钮线连接主板的排针过程要依照主板说明书进行操作，不同的主板连接方法不同，还请用户参照主板说明书直接插下。

连接好的前面板灯钮线

主板灯钮线排针

4. 前面板的USB连接线

许多机箱前面板都会有一组或两组前置USB接口，而机箱内部的USB连接线需要与主板相连接才能使用该USB装置。

这组连接线只有主板内置有USB接头时才能产生作用，否则是没有用的。

USB连接线通常是一整组（也有独立针的）

主板中的USB接头

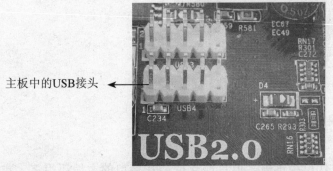

由于不同的主板连接的方法不同，因此具体的连接方法请依照主板说明书来进行操作。

163

第24章

24 将显卡安装到主板上

完成前面基本设备的安装后，本章将讲述两种不同接口显卡（AGP/PCIE）安装时所需要注意的一些问题及安装流程。

24.1 安装显卡的注意事项

AGP与PCI-E显卡的安装方法基本相同，安装过程也很简单，不过要注意以下几点。

1. PCI挡板的去除

PCI与AGP接口都有独立的挡板，在安装时需要将其去除，虽然大部分机箱中的挡板都是以螺丝固定的，不过一些挡板并非螺丝固定，而是连在机箱背板上的，这时最好不要用手去移除，因为挡板的边缘很锋利，除非你已相当熟练，不然可用尖嘴钳夹住挡板，然后左右摇晃即可将其取下。

2. PCI-E的独立电源供应系统

单独安装的PCI-E显卡具有独立的4-Pin电源插座，在安装完成后要记得连接电源，不然很容易造成电力不足而无法运行。

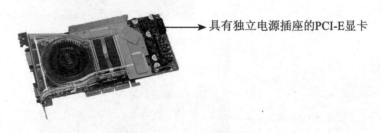

具有独立电源插座的PCI-E显卡

24.2 AGP显卡安装流程

虽然AGP时代已经过去，但目前支持AGP接口的主板还很多，市场中也有少量的AGP显卡（如：ATi RADEON 9550），相信有不少人会因性能价格比而选择AGP显卡，因此本节将首先介绍AGP显卡的安装方法，下一节再讲述PCI-E显卡的安装方法。

1. 先将AGP显卡置于AGP插槽的正上方，以比对出哪一个挡板需要去除，然后旋下需要拆卸的挡板螺丝或直接将需要拆除的挡板卸下。

2. 用手夹住挡板上部，往上轻抬即可取下挡板。

3. 将显卡挡板部分朝外，垂直插入插槽内，然后将固定螺丝旋上，完成AGP显卡的安装工作。

注意事项

有一些机箱后方的插槽很细，造成显卡挡板与机箱之间无法很好地接合，在这种情况下，不妨用一字改锥将缝隙撬宽一些或是稍微旋松主板螺丝移动一下主板的位置再锁紧主板，如果问题还是无法解决，并严重影响安装，就得换一个机箱了。

24.3 PCI-E显卡安装流程

PCI-E显卡安装方法与AGP显卡基本相同，惟一不同的地方就是PCI-E接口前方有一个弹性卡榫，安装时需要用手将它扳开，安装后再松开手让其自动弹回。

1. 扳开显卡插槽上的弹性卡榫。

2. 将显卡挡板部分朝外，垂直插入机箱内的插槽。

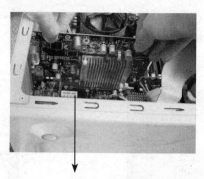

这时需要留意显卡金手指是否已对准插槽，并确认针脚可以完全插入

3.将显卡压紧，用一只手将PCI-E前方的开关扳开，并用另一只手的拇指和食指压住PCI-E显卡两端，平均用力往下压。

4.将固定螺丝旋上，完成PCI-E显卡的安装工作。

将网卡安装到主板上

目前部分主板皆已内置了网卡芯片，如Intel 9xx GL系列主板，不过仍有部分主板并不具备此功能，如Intel 9xx P系列主板。因此这里还是要讲解一下网卡的安装及其相关注意事项。

25.1 安装网卡的注意事项

网卡基本上都是PCI接口的，目前大部分主板都会有至少两个PCI插槽供外接设备使用，因此您无需担心网卡没有地方安装。

如果您准备安装网卡，那么建议您将网卡安装在主板最底下的PCI插槽中，尽可能远离AGP显卡或PCI-E显卡，原因是显卡在运行过程中会散发出热量，如果网卡离显卡过近，就会阻碍热量的散发，同时网卡受到高热影响也容易造成硬件过热而引起上网时不稳定的问题。

25.2 网卡安装流程

网卡的安装方法与显卡基本相同。下面是网卡的安装流程。

1. 先将网卡置于最后一个PCI插槽的正上方，以比对出哪一个挡板需要去除，接着旋下需要拆卸的挡板螺丝或直接用手拆下挡板。

2. 用手夹住挡板上部，往上轻抬即可取下挡板。

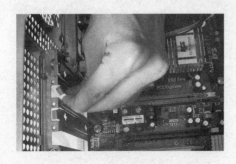

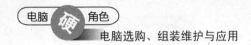
3. 将网卡挡板部分朝外，垂直插入机箱后方的插槽内。

这时需要留意网卡的金手指是否已对
准插槽，并确认针脚可完全插入

4. 双手分别放在网卡的两边平均用力，垂直将其插入插槽中。

5. 将螺丝旋上，完成网卡的安装工作。

装回机箱侧板，连接键盘和鼠标

经过前面一系列的安装过程，机箱内部的所有硬件安装工作已经完成，接下来需要将保护内部硬件的机箱侧板安装回去。

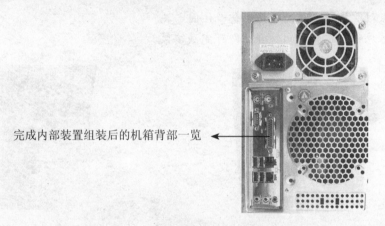

完成内部装置组装后的机箱背部一览 ←

26.1 安装机箱侧板的注意事项

将机箱侧板装回机箱要比拆下时麻烦一些，因为现在的机箱都采用隐形固定孔结构设计，拆下机箱时多半不会注意到这一点。用户仔细观察一下机箱的上下两边，就不难发现有许多规则的固定孔。而侧板的上下两边也有几个突出的固定扣。

这些固定孔主要是用来稳固侧板用的

机箱外部使用螺丝来固定侧板

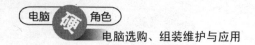

26.2 机箱侧板安装流程

固定侧板虽然要比拆下侧板复杂些，但比起安装其他组件可是简单多了。

1. 先将侧板下方的固定扣与机箱上对应的固定孔对齐。
2. 顺势将侧板向内推，将上方固定扣推入固定孔。

3. 将侧板往前推送，使固定扣完全卡住固定孔。
4. 最后依序锁上机箱背面的螺丝即可完成安装。

在将机箱完成安装后，我们就可以开始进行各种外围设备的连接与安装了。从下一节开始，将依序为您介绍鼠标、键盘、显示器、音箱等外围设置安装连接到计算机的方法。

26.3 安装键盘与鼠标的注意事项

键盘与鼠标是输入数据到计算机时最重要的两项外围设备，而拥有各自不同的接头，故在使用上也有着明显的区别。

1. USB设备支持即插即用（Plug&Play）技术

USB接头的键盘与鼠标支持即插即用（Plug&Play）技术，而PS/2设备则不支持这种技术。具有USB接头的键盘与鼠标能够在计算机开机状态下将接头拔出计算机，最早广泛应用于服务器领域（如果有许多服务器需要维护，只需一个键盘和一个鼠标就足够了），而家用计算机自从内置USB接口后，就能够支持这种功能了。

2. USB接头的安装

USB接口在机箱背板上通常会有四组

USB接头

内置的USB插槽

3. 区别PS/2接口的方法

计算机I/O接口通常会有一组（两个）PS/2插槽，一个供连接键盘，另一个供连接鼠标，不能混用。那么有没有什么方法区别两者呢？答案是肯定的。两个PS/2接口有着不同的颜色，一般来说，键盘为紫色，而鼠标为绿色。

而在插槽上会有与PS/2接口相对应的图标。

PS/2绿色接头为鼠标，
上方有个鼠标图标

PS/2插槽接口

这样只需依照对应颜色和图标安装即可。

26.4 PS/2键盘与鼠标安装流程

通过前面一节的问题说明，相信读者对键盘与鼠标的安装方法已经有了基本的了解。下面将具体说明PS/2键盘与鼠标的安装方法，如果用户的键盘与鼠标是USB接头，请阅读下一节内容。

1. 安装时将该键盘接头上标示的箭头符号，朝向机箱背面的右侧即可顺利插入。
2. 找到鼠标接头，采用与键盘相同的安装方法即可。

安装顺序可由用户自行决定，只要选择其中一个接头依照对应颜色安装即可

如果采用的是无线的键盘或鼠标，请记住要装上电池并插上信号接收器才能使用。

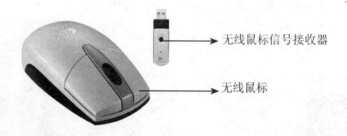

无线鼠标信号接收器

无线鼠标

26.5　USB键盘与鼠标安装流程

USB接头上虽然没有图标来帮助安装，不过只要了解USB接口就可以知道，基本上只要是使用该接口是没有什么插槽位置区别的，所以可以放心地安装。

连接USB键盘与鼠标时，先看一下USB接头内部的位置，然后将键盘与鼠标分别插入USB接口即可。

将显示器数据线装到机箱背板

第27章 27

连接显示器前请先将显示器本身相关的连接线接妥，然后再与主机进行连接，不过在安装之前还要先认识一下与显示器有关的各种连接线及需要注意的问题。

27.1 安装显示器数据线的注意事项

无论何种显示器都具有两条外部联线，一条用于连接电源，另外一条用于连接主机的显卡。

是用于连接电源的电源接头

LCD显示器用于连接显卡D-Sub插座上的D-Sub接头

LCD显示器用于连接显卡DVI插座上的DVI接头

通常CRT显示器的D-Sub连接线在出厂前就已经安装于显示器上了，用户只需连接电源线即可，而LCD显示器的两条连接线则多半需要另行安装。

通常LCD显示器都会保留传统的D-Sub插座

较好的LCD同时也具有自己专用的DVI插座

27.2　显示器数据线安装流程

本节以目前较流行的LCD显示器为例，教您如何安装LCD显示器数据线。

1. 首先查看一下D-Sub插槽。
2. 依照方向将D-Sub接头插入LCD显示器上的D-Sub插座内。
3. 将电源线插入LCD显示器的电源插座内。

  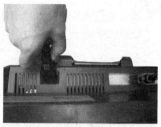

注意事项

一些高端的LCD显示器会配置DVI接口，用户可以通过连接它来提高显示的效果。

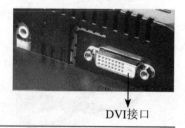

DVI接口

27.3　连接机箱电源线与显示器电源线

首先将显示器数据线和显卡进行连接，然后连接主机电源线，最后将主机电源、显示器电源插入电源插座即可。

1. 查看显示器数据线另一端DVI接头的方向。
2. 依照方向插入显卡的DVI插座内。
3. 将显示器电源线另一头插入电源插座，按下显示器的电源按钮，即可启动显示器。

本章将完成计算机最后的组装工作，就是将购买的音箱、麦克风、摄像头等连接到主机背板的相关I/O接口中，然后连接显示器的数据线到主机上，最后连接主机电源线和显示器电源线。等这一切都连接好了，计算机硬件部分的组装也就告一段落了。

28.1 安装音箱、麦克风、摄像头

音箱、麦克风、摄像头等的安装非常简单，其中音箱和麦克风只需对照主板说明书来安装即可，而摄像头的连接头通常都是USB接口的，这方面的安装方式前面已介绍过了，相信对摄像头的安装一定不会陌生，具体安装步骤如下：

1. 找到青绿色的连接线，并在机箱背板找到有对应的符号与颜色的插座插入即可。
2. 找到麦克风连接线，并在机箱背板找到有对应的符号与颜色的插座插入即可。

→ 立体声防磁音箱或者2.1声道音箱的音源线一般都只有一条，颜色多半是绿色或青绿色

3. 找到摄像头的USB接头并将其连接到主板背板的USB接口上。

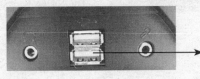

→ 如果背板只有两个USB接口插槽，并已经安装了键盘与鼠标，这时可将其改装到前面板的USB接口上

🔍 注意事项

除了这些外部设备，用户还有可能遇到如打印机、数码相机或者是申请ADSL宽频需要连接的设备等，而这些设备所使用的连接线就有可能是并行端口、IEEE 1394端口、网络插座等。

将网线连接到机箱背面的网线插口上

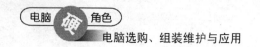

不过无需担心，现在的外部设备为了方便用户安装，都采用如防接反或辨别符号等设计。相信用户通过前面的安装说明，即可举一反三自行安装其他的设备。

28.2 通过开机声音判断开机自我检测过程

计算机在开机后，通常都会发出"哔"的一声，这代表激活BIOS，并通过BIOS发出了声音。出现这种声音是正常的，说明系统已经进入BIOS的POST（Power On Self Test，开机自我检测）过程。

POST过程主要是检测硬件装置，如显卡、内存条等是否存在并能否正常工作。POST过程是在开机后CPU能够正常运行的情况下才开始运行的。它首先会检测显卡，当显卡能够正常运行后，将会检测计算机主要硬件，如内存条、硬盘等，如果POST过程中出现严重的故障，如显卡检测失败，POST过程将中止，显示器也就无法显示检测信息了，而这时计算机的BIOS将发出故障提示声音。

开机后，控制芯片发出信息给CPU，CPU就会执行BIOS指令并依据流程首先检测显卡。如果检测正常，就会寻找显卡BIOS中的指令并调用其激活指令，最后将激活权限交给显卡，由显卡完成基本的图像输出。

由于BIOS会先检测显卡，因此开机后用户首先会在显示器中看到显卡的基本信息，这也证明显卡已经检测通过；同时BIOS将激活权限交给显卡，而显卡则率先将自身的基本信息显示在显示器中。

完成授权任务后，BIOS将继续检测其他硬件，并将这些硬件信息传输给显卡，由显卡将这部分信息输出到显示器。

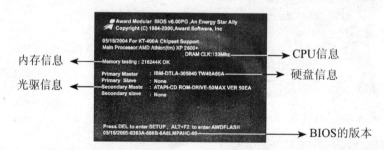

完成硬件的检测，将进入操作系统。

28.3 开机后计算机无法运行

若开机后计算机无法正常运行，导致这样结果的原因很多，通常可依据以下的方法进行故障排除。

按下主机的POWER按钮，计算机却无法开机，显示器也无图像和开机的声音，电源灯也没有亮。这种情况下，故障的原因一定是出在硬件。

- 首先应当检查电源插头与插座是否接触好，比如可能忘了插电。
- 电源的开关是否开启。电源上面有一个电源开关，通常为开启状态，但如果在出厂时就处于关闭状态或用户在安装时不小心将其关闭，计算机也会无法启动。同时还需要检查电源的连接线是否安装好及使用的电压是否正确。
- 检查主机内的电源连接线。机箱内的电源开关连接线和主板电源连接端口的接头如果脱离，那么即便按下POWER按钮也是无法开机的。

如果这些问题都排除后，还是无法启动计算机，这时可以将一些数据线或电源线进行更换，也许是这些装备损坏了。但若还是不行，就只有将计算机送到原厂进行检测了。

28.4 开机后显示器不亮

开机后主机有动作，但是显示器不亮。这种情况通常依据以下方法进行排除。

- 首先应当查看显示器的电源连接线是否已经与插座连接好。
- 同时还要检查显示器数据连接线插头与主机背板I/O接口上的D-Sub（或DVI）是否正常连接。

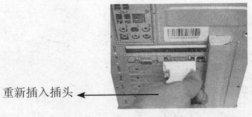

重新插入插头 ←

- 第三种情况不多见，不过却是很典型的，即因硬件接触不良而造成的故障。虽然已经将CPU正确放入CPU插槽，但其与接点并没有正确的接触，造成CPU风扇虽然在转动但CPU却没有工作。因此主机还处于关闭状态。

LGA775结构的Intel P-4 CPU采
用平坦的接触面（Land）设计

判断这种情形的方法很简单，只需按下"Num Lock"键，如果键盘的"Num Lock"指示灯没有亮，说明CPU没有执行用户通过键盘所发送出去的指令，证明CPU并没有正常运行。

解决的方法很简单，只需将CPU风扇卸下，然后将CPU取出再重新安装即可。

注意事项

这种情况只会发生在LGA775结构的Intel P-4 CPU上，而传统的针脚插入式CPU只要正确放入插座是不会发生这种问题的。

28.5 开机后计算机哔哔叫

计算机开机后发生哔哔的叫声，这种情况通常也是由于硬件之间没有完全接触好而造成的BIOS警示声。

容易因硬件没有接触好而使计算机发出警示声的设备有显卡、内存条、硬盘等。

- 显卡：显卡没有正确安装到AGP或PCI-E接口时，会发出警示声，不同的BIOS所发出的声音不会相同，如Award BIOS中就会发出1长2短的警示声。由于机箱在设计标准上的不同，可能造成显卡背板的一端无法和机箱完全密合，这会造成显卡金手指没有完全插入AGP或PCI-E插槽的底部，因此在安装时要特别留意。
- 内存条：内存条若没有完全插入到DIMM接口中，在开机运行POST过程时，一旦没有检测到内存条，就会发出警示声。另外一种原因为人为因素，如静电等不小心损伤了内存条芯片或因内存条自身质量的原因而烧毁，这时的内存条已经失去了作用，当BIOS检测到内存条为错误时也会发出警示声。

内存条没有完全插入DIMM插槽，则无法被BIOS识别，安装时应加以确认

- 键盘或鼠标：键盘或鼠标没有完全插入PS/2接口或将键盘与鼠标的接头插错，BIOS都会发出警示。

1. 如何判断主板的BIOS类型

通常开机显示显卡信息结束后，即切换到BIOS及其相关硬件的信息检测页面，这时可依据提示信息判断主板BIOS的类型。

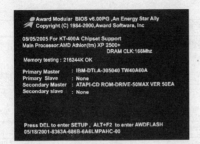 

Award BIOS在开机中的提示信息，信息提示中既
包括了BIOS的类型，亦包括了BIOS的版本信息

AMI BIOS的开机信息

2. 各种BIOS的警告声判断与解决办法

以下是目前3种主流BIOS类型的常见警告声的判断与解决办法。

（1）Award BIOS

声音类型	声音的含义	原因及其解决方案
1短	系统正常激活启动	无错误
2短	BIOS设置错误	PCI、USB、I/OPortIDE等低速设备
1长1短	RAM或主板出错	换一条内存条试试，如果不行，只好更换主板
1长2短	显示器或显卡错误	重新安装并确定安装无误，还不行就只好更换显示器或显卡
1长3短	键盘错误	首先拔除键盘连接线，并重新插入原处，并且确认已经插牢；或将显示错误的键盘拿到其他计算机上去测试，若仍然存在这种情况可确认键盘已损坏，否则即是PS/2插槽烧毁
1长9短	主板的Flash RAM或EPROM错误	BIOS毁损，更换BIOS芯片
间隔性长音	内存条未插紧或损坏	重新插入内存条，如果不行就只有更换内存条
连续响声	电源或显示器未和显卡连接好	请检查所有连接设备
间隔性短音	电源有问题	检查显卡、显示器、电源的连接
无声音不显示	电源有问题	更换电源

（2）AMI BIOS

声音类型	声音的含义	原因及其解决方案
1短	内存条错误	内存条检查失败，有可能是内存条毁损或是超频造成内存条损坏，请检查内存条的状况或调整其运行频率
2短	内存条校验（ECC）错误	在CMOS设置中将ECC校验的选项设为Disable即可
3短	基本内存条错误	内存条毁损，更换新的内存条。
4短	系统时间错误	千禧年（Y2K）问题，不过2000年以后的主板不会存在这种问题；CMOS电池没电，更换CMOS电池即可；CMOS程序有误，更新CMOS程序
5短	处理器（CPU）错误	CPU与主板之间产生松动，请重新安装CPU，如果不行证明CPU内部损坏，只有更换CPU

（续表）

声音类型	声音的含义	原因及其解决方案
6短	键盘错误	拔除键盘连接线，重新插入原处，并且确认已经插牢。将显示错误的键盘拿到其他的计算机上去测试，若仍然存在这种情况即可确认键盘损坏，否则即是PS/2插槽烧毁
7短	CPU中断错误	断电或是电压不稳；CPU电压设置错误，有可能是超频所致CPU毁损
8短	显卡内存错误	显卡的内存毁损，更换新的显卡
9短	ROM BIOS核对总和错误	可能是BIOS更新错误或是BIOS毁损，需要送回原厂更新BIOS芯片
1长3短	内存条错误	检查内存条，并确认内存条是否已经插牢
1长8短	显示测试错误	可采用以下方法解决：拔除显示器连接线，重新插回原处，并确认插牢拔出显卡，再重新插回原处，并确认插牢

（3）Phoenix BIOS

声音类型	声音的含义	原因及其解决方案
1短	系统激活正常	无错误
1短1短1短	系统自我检测失败	检查电源线是否连接正确；检查电源是否出问题；检查电源是否正常供电
1短1短2短	主板错误	更换主板。
1短1短3短	CMOS或电池失效	若CMOS失效则进入BIOS中重新设置；若电池失效就更换新电池
1短1短4短	ROM BIOS校验错误	可能是BIOS更新错误或是BIOS毁损，需要送回原厂更新BIOS芯片
1短2短1短	系统时间错误	千禧年（Y2K）问题，如果是2000年以后的主板则不会出现这种情况；CMOS电池没电，更换CMOS电池；CMOS程序有误，更新CMOS程序
1短2短2短	DMA初始化失败	适配卡或硬件间发生冲突，请恢复BIOS出厂设置主板总线的问题，这种情况通常是主板出了问题，只能送修主板
1短2短3短	DMA错误	适配卡或硬件间发生冲突；主板总线的问题
1短3短1短	DMA更新错误	可能由于以下原因所造成：适配卡或硬件间发生冲突；主板总线的问题
1短3短2短	基本内存条错误	内存条毁损，更换内存条
1短3短3短	基本内存条错误	内存条毁损，更换内存条
1短4短1短	基本内存条地址错误	内存条毁损，更换内存条
1短4短2短	基本内存条校验错误	关闭CMOS设置中的ECC校验功能
1短4短3短	E-ISA	E-ISA适配卡组态发生冲突，可手动设置或拔除其他适配卡，这种情况通常发生在较早的旧主板中
1短4短4短	E-ISA NMI错误	非屏蔽式岔断(Non-maskable Interrupt)的意思是指在硬件发生错误的时候，装置可以传送一个NMI信息通知微处理器
2短1短2短或2短4短4短	基本内存条错误	内存条损坏，更换内存条
3短1短1短	主DMA错误	进行DMA存取时发生缓存器错误，检测所安装的主DMA装置是否故障
3短1短2短	次DMA错误	进行DMA存取时发生缓存错误，这种情况通常是硬件发生冲突所导致的
3短1短3短	主中断处理错误	进行DMA的存取时发生缓存错误，这种情况通常是硬件发生冲突所导致的

（续表）

声音类型	声音的含义	原因及其解决方案
3短1短4短	从中断处理错误	进行DMA的存取时发生缓存错误，这种情况通常是硬件发生冲突所导致的
3短2短4短	键盘错误	拔除键盘连接线，并重新插入原处，并且确认已经插牢；将显示错误的键盘拿到其他的计算机上去测试，若仍然存在这种情况，即可确认键盘损坏，否则即是PS/2插槽烧毁
3短3短4短	显卡内存错误	显卡的内存损坏，需更换显卡
3短4短2短	显示错误	显卡的内存损坏，需更换显卡内存
3短4短3短	未发现显示器	检查是否有显卡，拔出显卡，重新插回原处，并确认插牢；将显卡插到正常的计算机上，若仍显示此信息即表示显卡损坏，需更换显卡
4短2短1短	时钟错误	千禧年（Y2K）问题，这种情况经常出现在2000年之前的主板中；CMOS电池没电，更换CMOS电池；CMOS程序有误，更新CMOS程序
4短2短2短	开机错误	请检查硬设备是否齐全，如显卡等
4短2短4短	保护模式中断错误	可能是内存条混插错误或是内存条错误。需要更换内存条
4短3短1短	内存条错误	重插内存条或更换内存条
4短3短3短	系统时间错误	千禧年（Y2K）问题；CMOS电池没电；CMOS程序有误
4短3短4短	系统时间错误	千禧年（Y2K）问题；CMOS电池没电；CMOS程序有误
4短4短1短	串接接口错误	检查串接接口是否损坏，若是则更换主板
4短4短2短	并行端口错误	检查并行端口是否损坏，若是则更换主板

第29章

29 硬件系统初始化设置

对于一个热衷计算机的用户来说，最大的乐趣就是挖掘计算机的潜能，计算机的BIOS设置对于很多初学计算机的人来说颇为深奥，甚至一些计算机的老手也并不了解BIOS，因为计算机BIOS涉及了很多计算机内部硬件和性能的设置，对于一般不懂计算机的人来说，若擅自改变其设置将对计算机造成一定的危险。然而在使用计算机的过程中，若能了解BIOS的基本设置，对计算机本身的安全维护及效率的提高却有着相当大的帮助。

29.1 了解BIOS

BIOS（Basic Input Output System）即基本输入输出系统，是被预设在计算机主板上的ROM芯片中的一组程序，主要功能是为计算机提供最底层、最直接的硬件设置和控制。BIOS设置程序储存在BIOS芯片中，只有在开机时才可以进行设置。BIOS设置程序主要对基本输入输出系统进行管理和设置，使系统运行时能处在最好的状态下。使用BIOS设置程序还可以排除系统故障及诊断系统问题。

1. 进入BIOS

在启动或重启计算机的时候计算机会进行硬件自检，这时按下"DEL"键，就可以进入BIOS界面。

在开机自检画面中有进入BIOS的提示信息

注意事项

如果按得太迟了，计算机将进入系统，若想再进入BIOS就只能重新启动计算机了。但某些品牌的主板则是按下F1功能键或者其他按键进入BIOS的。至于到底要按下什么按键，可在开机画面中查到。

目前主板的BIOS主要有AMI和AWARD两大类型。不同品牌与型号的主板，虽然在部分功能和设置上有些不同，但是他们的BIOS都是以这两种结构为基础的，其功能和设置大同小异。

下面我们来认识这两种不同类型的BIOS基本知识。

2. AMI BIOS

AMI BIOS是目前使用最为普遍的一种主板BIOS类型，它的菜单安排合理，功能设置也非常简便。

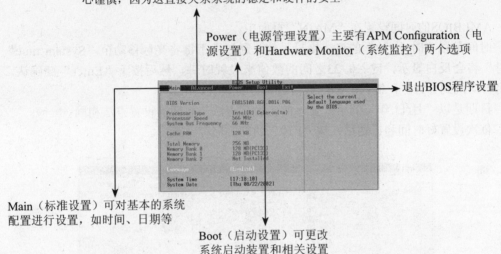

Advanced（高级设置）是BIOS的核心设置了，新手在设置时一定要小心谨慎，因为这直接关系系统的稳定和硬件的安全

Power（电源管理设置）主要有APM Configuration（电源设置）和Hardware Monitor（系统监控）两个选项

退出BIOS程序设置

Main（标准设置）可对基本的系统配置进行设置，如时间、日期等

Boot（启动设置）可更改系统启动装置和相关设置

3. AWARD BIOS

AWARD BIOS与AMI BIOS界面虽然不一样，但是它们的基本功能都差不多。设置的方法也与AMI BIOS类似。

（1）Standard CMOS Setup（标准CMOS设置）用来设置日期、时间、软硬盘规格、工作类型及显示器类型。

（2）Advanced BIOS Features（高级BIOS功能设置）用来设置BIOS的特殊功能，如病毒警告、开机磁盘优先程序等。

（3）Advanced Chipset Features（高级芯片组特性设置）用来设置CPU工作相关参数。

（4）Power Management Setup（省电功能设置）用来设置CPU、硬盘、显示器等等设备的省电功能。

（5）PnP/PCI Configuration（即插即用设备与PCI设置）用来设置ISA以及其他即插即用设备的中断等特性。

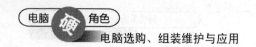
（6）Frequency/Voltage Control（频率和电压设置）此选项用来调整频率和电压设置。

（7）Set User Password（设置用户密码）设定开机密码。

（8）Save & Exit Setup（储存并退出设置）储存已经更改的设置并退出BIOS设置。

（9）Exit Without Saving（沿用原来设置并退出BIOS设置）不储存已经修改的设定，并退出设置。

29.2 设置系统时间

AMI BIOS的时间设置在"MAIN"页面中。

时间是以"时:分:秒"的格式来显示的。通过上下键将光标移动至"System time"，"时"将会反白显示，键入0~23之间的数值来设置时钟，然后按下"Enter"键确认，光标将自动跳到分钟区，键入0~59的数值进行分钟设置。

日期是以"月/日/年"的格式显示的。设置方法与时间的设置方法相同。

依次设置好时间和日期后，按"F10"功能键储存并退出。

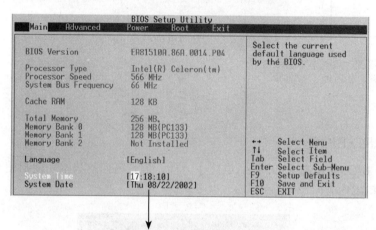

在AMI BIOS中进行系统时间的设置

29.3 设置主要开机装置

在计算机启动时会根据BIOS的设置来选择启动的优先级。通过此选项来设置计算机开机时，软驱、硬盘及光驱读取的优先级。

在AMI BIOS中进入Boot选项卡，通过上下键选择"1st Boot Device"，按下"Enter"键进行优先级的选择。并按此方法依次设置其他设备的启动优先级。

在AMI BIOS中的Boot页面，设置主开机设备

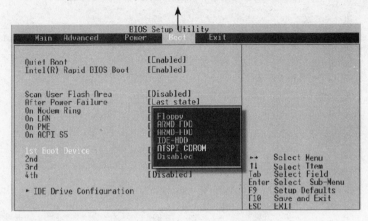

29.4　启动Intel CPU的过热降频功能

过热降频功能是指一个CPU能够同时进行多线程运算，大大提高CPU的效率。不过只有支持过热降频功能的Intel CPU该功能才能起作用。

启动Intel CPU过热降频功能的方法如下：

切换至"Main"页面，将光标移动到"CPU Thermal Throttling"选项，按下"Enter"键，选择"Enabled"选项。这样，您的CPU就能启动过热降频功能。

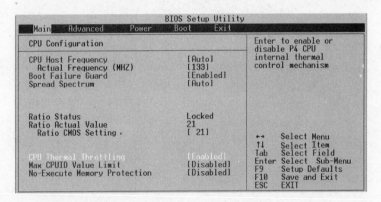

第 **5** 篇

系统安装、更新与维护

- 安装Windows Vista操作系统
- 更新驱动程序
- 安装杀毒软件
- 更新操作系统
- 计算机硬件检测
- 64位系统的架设与安装
- 硬件基本维护
- 软件基本维护
- 系统备份与还原
- DIY大补丸

30

安装Windows Vista 操作系统

单单将计算机硬件完成组装是不够的，只有硬件而没有操作系统来指挥硬件，就像人只有躯壳而没有大脑一样，所以要让计算机能顺利运行并发挥优异的性能，需要安装一套好的操作系统。微软在Windows XP之后，于2007年1月正式推出Windows Vista操作系统，其在美观性、实用性、安全性方面都有着长足的提高。因此本章将以安装Windows Vista为例来介绍安装操作系统的方法。

30.1　安装前的准备

要安装Windows Vista操作系统，我们需要准备好Windows Vista的安装光盘。如果你使用的是SATA硬盘，而主板又无法直接识别SATA硬盘，在安装操作系统的过程中，还需要准备好SATA硬盘驱动程序。

30.1.1　准备Windows Vista安装光盘

Windows Vista针对不同的使用要求发行了两种版本，一种是Home，另一种是Business。Home又可分为Windows Vista家用入门版、Windows Vista家用高级版；Business又可分为Windows Vista商用入门版、Windows Vista商用高级版；另外还有一个集成了Home 与Business所有功能的Windows Vista旗舰版。用户应该根据自己的实际需要，选择一款适合自己的Vista。

30.1.2　检查计算机的硬件配备

在安装Vista之前，用户首先需要检查自己计算机的硬件配备情况，因为要让Vista华丽的外观效果充分展现，就必须要有强力的硬件支持，因此并不是所有的计算机都适合安装Vista。如果您的计算机硬件效率不够高，即使能够顺利安装Vista，在运行时也容易产生许多问题，更不用说启用Aero图形化接口效果了。在这里提供微软Windows Vista支持的最低系统要求列表，用户可以进行对照，如果您的硬件配置和此配备相差甚远，建议您慎重考虑后再进行安装。

http://www.microsoft.com/taiwan/windowsvista/getready/systemrequirements.mspx

硬件	最低要求
处理器	800MHz的32位（x86）或64位（x64）处理器
系统内存	512MB
GPU	SVGA（800×600）
硬盘	20GB
硬盘可用空间	15GB
光驱	CD-ROM光驱

30.2　Windows Vista安装流程

准备好了Windows Vista安装光盘，确定计算机配置符合硬件要求后，就可以进入Windows Vista操作系统的安装过程了。接下来介绍安装Windows Vista的方法。

操作1：设置开机方式

我们需要从Windows Vista安装光盘复制安装程序，因此，在安装Windows Vista前，需要将开机的优先启动装置设置为从光驱启动，而此方法在前面章节中已教过，故不再赘述。

操作2：安装操作系统

1.设置"CD-ROM"启动，再放入Windows Vista安装光盘，系统将会开始安装程序。

2.选择安装语言，单击"下一步"按钮。

3.接下来会出现一个窗口画面，在这里单击"现在安装"按钮。

4.输入合法的产品序列号后，再单击"下一步"按钮。

5.仔细阅读授权条款，勾选"我接受许可条款"选择项，再单击"下一步"按钮。

6. 用户可以选择自定义项进行全新安装，也可以选择从旧版Windows升级到Vista，在这里选择"自定义"项，安装全新的Windows Vista。

7. 指定安装Vista的磁盘分区，单击"下一步"按钮。

补充说明

如果用户是第一次安装操作系统，新买的硬盘尚未进行过分区，则不会出现上图所示画面，这时可以选择硬盘选项，自行手动进行分区和格式化。

另外需要注意的是，Vista只能安装在NTFS格式的磁盘分区中，如果您所选定的磁盘分区不是这种格式，系统将自动进行格式化，此磁盘分区里面的数据将全部遗失。

如果系统检测格式和容量都符合Vista的安装要求，这时就会开始安装Vista。

正在进行安装

安装完成后，系统会自动重新启动计算机。此时，需要进行用户设置、安全设置、网络设置和区域设置等，完成最后的安装。

操作3：设置操作系统

1.设置用户名称、密码和图片，单击"下一步"按钮。

2.设置计算机名称，也可以在此处选择桌面背景，如果用户不进行选择，系统会使用默认的背景。

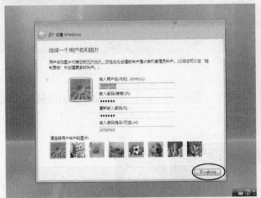 

3.设置自动更新能够有效保护我们的计算机免遭病毒和恶意程序的破坏，因此建议用户选择"使用推荐设置"选项。

4.设置时间和日期。

5.单击"开始"按钮，开始设置Vista。

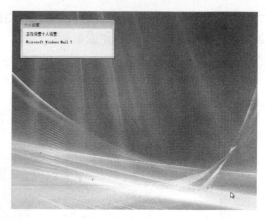

开始设置Vista

设置完成后计算机会自动登录到Vista系统，然后您就可以开始体验Vista的强大功能和华丽的外观效果了。

进入Windows Vista操作系统

第31章

更新驱动程序

安装好计算机各种硬件和操作系统后，进入操作系统窗口，系统会提示检测到新硬件并要求安装对应的驱动程序。那么什么叫驱动程序，从那里可以取得驱动程序，又是如何来安装呢？下面我们就来解决这方面的问题。

31.1　了解驱动程序

如果说计算机硬件是武器的话，那驱动程序就是使用武器的人，武器和人结合才能形成一个强大、有效的军事单位，同样计算机硬件只有和驱动程序结合起来才能发挥硬件的作用。

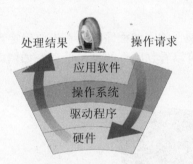

驱动程序在计算机中的地位

1. 驱动程序的定义与作用

什么是驱动程序？驱动程序是增加到操作系统中的一小块程序，是硬件的一部分。它包含了有关硬件设备的信息，有了这个信息计算机就可以与计算机中的各种设备（如声卡、显卡、显示器、打印机、硬盘、PC Camera等）进行通信。我们可以这样认为：驱动程序在操作系统中扮演的是沟通的角色，把硬件的功能和状态告诉计算机系统，并且将系统的指令传达给硬件，让它们开始工作。

2. 驱动程序的种类

在Windows操作系统中，驱动程序按照支持的硬件可以分为声卡驱动程序、显卡驱动程序、主板驱动程序、网络设备驱动程序、打印机驱动程序、扫描仪驱动程序等。

看到这里也许会问：那鼠标、键盘、显示器和主板这些计算机设备怎么就不用安装驱动程序呢？实际上它们也要用到驱动程序，只是它们在Windows操作系统的安装过程中已经安装好了Windows内置的标准驱动程序。还有一些外部设备如软驱、硬盘、CPU和主板等等的驱动程序也都内置于操作系统中了。

而大多数的显卡、声卡、网卡等内接扩充卡和打印机、扫描仪、外接Modem等外接设备，都需要安装和设备型号相符合的驱动程序，否则无法发挥其部分或全部功能。比如说显卡，虽然Windows Vista系统内置了它的驱动程序，但它并不支持OpenGL模式，这一点相信大多数游戏玩家都知道。

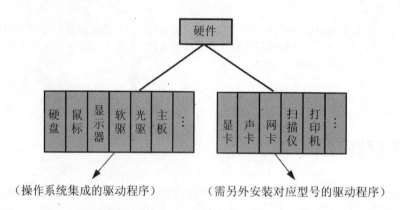

（操作系统集成的驱动程序）　　　（需另外安装对应型号的驱动程序）

31.2　获取驱动程序

我们在安装一个计算机硬件的驱动程序时，首先要确定该硬件的型号和生产厂家。在硬件的包装盒或说明书上都可以看到硬件的型号信息，如图即为GeForce 8800版显卡包装盒。

GeForce 8800版显卡包装盒

知道硬件的名称和类型就可以寻找对应的驱动程序。一般驱动程序可通过以下三种途径取得。

- 购买硬件时附带的驱动程序。
- Windows系统所内置的大量驱动程序。
- 从Internet下载驱动程序（通过这一种途径往往能够得到最新的驱动程序）。

31.3　安装驱动程序

准备好驱动程序后就可以开始安装了。一般情况下，Windows能够自动检测到PCI

卡、AGP显卡、即插即用ISA卡、USB设备，以及多数打印机和扫描仪等计算机设备，并提示用户放入安装光盘以便安装驱动程序。

放入驱动程序光盘后，如果光盘中有"Autorun"程序，那么光盘放入后会自动弹出安装画面，然后在安装画面上选择正确的驱动程序，确认无误后，根据安装画面的提示就可完成驱动程序的安装。

当驱动程序光盘中没有"Autorun"程序时，就打开光盘看看里面有无驱动程序的"SETUP.EXE"文件，有的话就双击运行"SETUP.EXE"程序，等候安装画面出现。如果连SETUP.EXE也没有，那就需要我们手动安装驱动程序。

下面我们就以手动更新显卡驱动程序为例，介绍具体的操作过程：

1. 运行"开始"菜单，在"计算机"上按鼠标右键，选择"属性"。

2. 单击"设备管理器"。

3. 在"显示适配器"选项上单击鼠标右键，选择"更新驱动程序软件"。

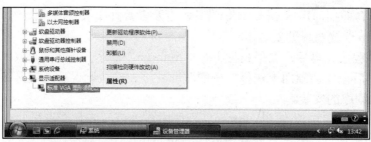

4. 单击"浏览计算机以查找驱动程序软件"。

5. 单击"浏览"按钮。

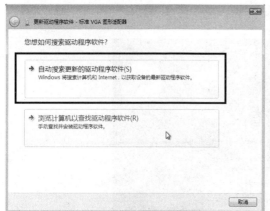 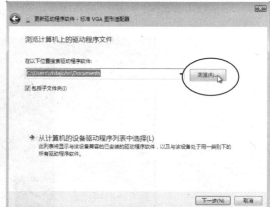

6. 在弹出的窗口中选择驱动程序所在文件夹。

7. 单击"确定"按钮。

完成安装驱动程序后重新启动操作系统，新的驱动程序就开始生效。

第32章

安装杀毒软件

这几天小红特别高兴，因为她新买了台计算机，并且向ISP提供商申请了个ADSL账号连上了互联网络。小红在尽情浏览互联网络里面多采多姿的信息的同时，渐渐的发觉自己的计算机变得越来越慢，在重新启动之后甚至进不了操作系统！她百思不得其解，只好向号称"DIY计算机高手"的朋友小李求救了，小李为她的计算机诊断一番之后，宣布是中了计算机病毒，接着安装杀毒软件，扫描清除了病毒，小红的计算机才回复正常。

32.1　为何要安装杀毒软件

从小李的话中提到了计算机病毒这个名词，什么是计算机病毒呢？简单的说：计算机病毒是一种计算机程序，它会在特定时间激活并干扰计算机正常工作，它还具有可复制性，会造成与该计算机进行联机或共享数据的人也跟着中毒，即所谓的传染。

计算机病毒可以说是目前大家最担心在自己计算机上发生的一件事，因为一旦感染了病毒，轻则计算机运行变得越来越慢，重则我们辛苦建立的数据将被毁掉，甚至损坏硬盘无法开机。

看到这，也许有人会说：病毒这么恐怖，那我的计算机一旦感染到病毒不就完蛋了。别急，俗话说兵来将挡，水来土掩，只要我们在计算机上装好杀毒软件，并且经常更新病毒库就可以拒毒于机外，为计算机提供一个安全保障。

32.2　主流杀毒软件概述

在我们日常接触的互联网络上充斥着各式各样的计算机病毒。为了防止病毒感染，许多软件设计公司推出了自已的杀毒软件。目前市场上比较流行的杀毒软件有：趋势科技PC-cillin2007、Norton Anti-Virus、Macafee VirusScan和CA Anti-Virus杀毒软件等等。接下来将介绍这些防毒软件的特色和功能。

1. 趋势科技PC-cillin

趋势科技PC-cillin拥有较强的防毒技术和完整的网络安全防护，可以对抗来自各种渠道的病毒、网络病毒、黑客、隐私外泄、网络钓鱼诈骗、不当内容和垃圾邮件等混合性网络安全威胁；还新增加"家用网络管理"和"无线网络检测"两项功能。适合于家用，可为无线网络提供严密的个人网络安全解决方案。

2. Norton Anti-Virus

Norton Anti-Virus出自欧洲，是老牌的杀毒软件，它的防护和清除病毒的能力比较强，但是在资源的占用方面比较高，特别是在扫描病毒的时候CPU和RAM的使用率通常达到100%。

3. McAfee

McAfee跟Norton一样属于欧洲杀毒软件的豪门，它的McAfee Virus Scan在寻找病毒和清除病毒方面能力都比较突出，而且使用过程中资源占用率比较低。

4. CA Anti-Virus杀毒软件

CA Anti-Virus是一种主要为中小型企业和SOHO用户提供解决方案的反病毒软件。该产品支持的操作系统包括Windows 98、Windows ME、Windows NT及Windows 2000 Professional等。除此以外，CA公司还提供包括CA Anti-Virus在内的反病毒解决方案组件"eTrust EZ Armor"（同时具有病毒防护和防火墙功能，能有效的防止病毒和黑客的攻击）。CA Anti-Virus软件甚至连"In-The-Wild"恶性病毒也可以100%地检测出来。

32.3 安装杀毒软件步骤

前一节我们介绍了一些主流的杀毒软件，这一节我们就以CA Anti-Virus程序为例介绍杀毒软件的安装过程。

整个安装过程与安装画面都容易让人理解，按照操作单击"下一步"基本上就可以完成正确安装。

首先，我们要有CA Anti-Virus版的安装光盘或者通过互联网络把安装程序下载到本机硬盘之中。有了安装程序就可以开始安装了。

操作1：启动杀毒软件安装程序

1. 双击安装程序"av82v_en.exe"。

启动安装程序

2. 单击"Next"按钮，此时稍等片刻，安装文件正在解压缩。

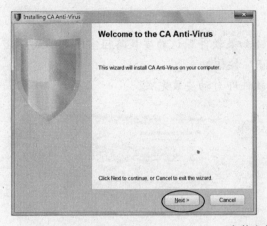 

安装文件解压中

操作2：同意安装协议

1. 弹出许可协议对话框，拖动滚动条阅读条款内容。
2. 选取表示同意的选项。
3. 单击"Next"按钮。

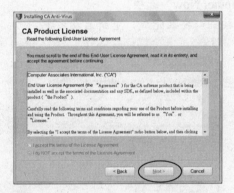

操作3：填入产品序列号

1. 在"License Key"文本框上填写正确的序号。

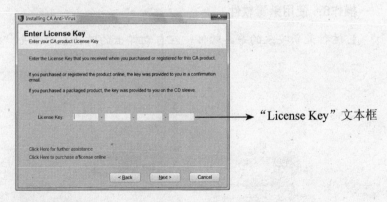

"License Key"文本框

2. 填写序列号后单击"Next"按钮。

操作4：选择安装路径

1. 单击 "Browse" 按钮，选择安装路径（如果软件默认的安装路径空间足够或想让软件直接安装在默认文件夹可直接单击 "Install" 按钮）。

2. 单击 "Install" 按钮，等待一段时间，软件即自动安装完成。

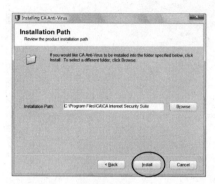
选择安装路径

软件安装中

操作5：安装完成，重新启动系统

1. 选择 "Restart Computer Now" 选项。

2. 单击 "Complete" 按钮。安装完成，重新启动系统

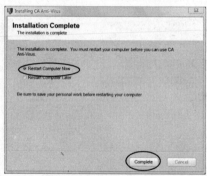
自动重新启动系统后，杀毒软件安装完成

操作6：使用杀毒软件

1. 运行最新安装的杀毒软件，在自动弹出的对话框中单击 "Continue" 按钮。

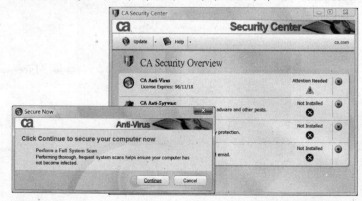

2. 单击"CA Anti-Virus"，执行"Scan My Computer for Viruses"功能，杀毒软件开始扫描计算机。

开始扫描系统

我们可以从"开始"菜单中启动杀毒软件，然后扫描系统。

执行"开始\所有程序\CA\CA Anti-Virus"，启动程序后执行"Scan My Computer for Viruses"

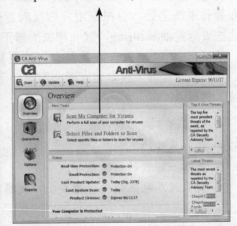

有了杀毒软件，我们对付计算机病毒就多了一份把握。

第33章 更新操作系统

许多用户都知道更新计算机的驱动程序可以增强计算机的效率，但是却较少地关注操作系统的更新。但是好马配好鞍，作为计算机系统根本的操作系统，其实更应时常关注和更新，不然黑客入侵、系统不稳、效率变低等一堆的问题就会接踵而来。

33.1 为何要更新操作系统

　　吃烧饼没有不掉芝麻的，写程序不免也会有Bug（臭虫；程序问题）。再怎么高明的程序设计师也不敢保证写出来的程序不会有Bug。操作系统本身就是一个庞大的程序，所以不管是Windows还是Unix都是有一定的安全性漏洞或程序的Bug。所以程序设计公司在发布操作系统之后，会根据用户的反映意见和专业人员对系统的调整结果等不定时的针对这些安全性漏洞和Bug，发布相关的修正程序。

　　Windows Vista操作系统具有自动更新功能。当微软公司有重要的计算机更新发布时，它会及时提醒下载安装（除非用户自己关掉了这个功能），在第一时间更新您的操作系统，它可以：

- 修正许多程序错误或者缺陷；
- 修补系统的漏洞；
- 更新一些新的功能等等；
- 使系统尽可能的跑得更安全，更稳定顺畅。

33.2 更新操作系统步骤

　　知道了更新操作系统的重要性后，下面我们就看看如何更新Windows Vista系统。

操作1：设置Windows Vista的自动更新

1. 在"开始"菜单中，单击"控制面板"。
2. 双击"Windows Update"。
3. 在"Windows Update"窗口中，单击"变更设置"功能项。

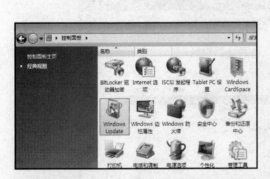

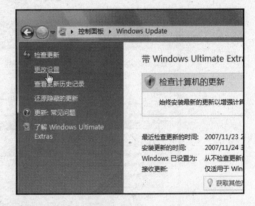

4. 单击"自动安装更新"选项，单击"确定"按钮完成设置。

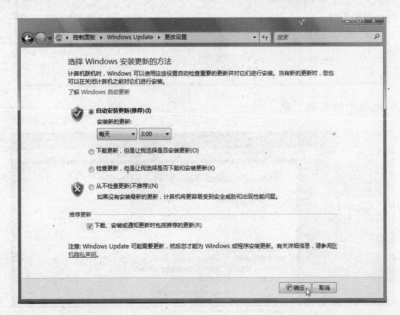

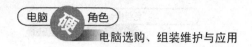

操作2：手动更新操作系统

1.单击"查看可用更新"链接文字。

2.在检查可用的更新窗口勾选需要更新的文件，然后单击"安装"按钮。

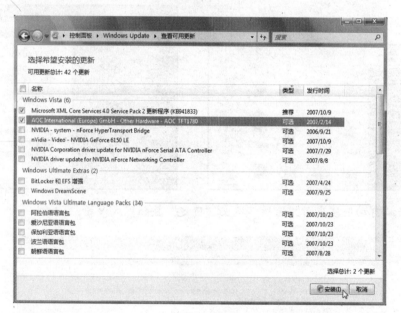

3.计算机此时开始自动下载。

4. 文件下载完成后Vista会自动安装，整个过程不需要亲自动手。

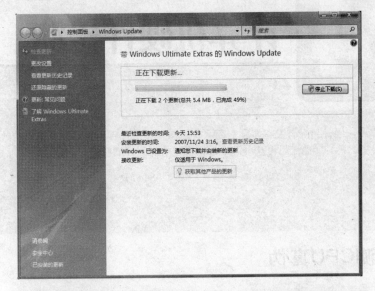

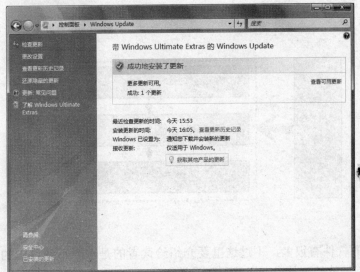

34 计算机硬件检测

计算机组装完成后，硬件到底有没有问题？商家有没有拿错了硬件给自己？计算机的效率有多高？为了解开心中的种种疑惑还是赶快阅读本章，学习检测硬件的技能吧。

34.1　检测CPU真伪

图解操作流程

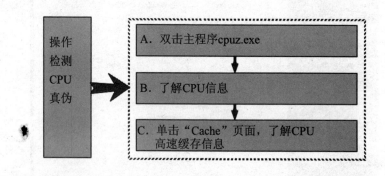

检测CPU的软件有很多，不过这里要介绍给读者的是一个不到1MB的小软件，麻雀虽小五脏俱全。该软件可从以下网站下载最新程序：

http://www.cpuid.com

下面就随笔者一同来看一下如何通过CPU-Z来查看CPU信息以判断真伪。

1. 双击主程序"cpuz.exe"。

由于这是一款绿色软件，无需安装即可运行

2. 在主程序接口首先会看到CPU的标志，还有其他信息可以了解到。

这里有CPU的详细属性，其中CPU的"Name（名称）"是"Intel Celeron D"，说明用户的CPU是Intel公司的产品，属于Celeron D系列；CPU的"Code name（代号）"是"Prescott"；CPU的"Package（封装类型）"是"Socket 478 mPGA"；支持的"Instructions（指令集）"有"MMX，SSE，SSE2，SSE3"

这里是CPU的"Clocks（时钟）"，包括："Core Speed（核心频率）"、"Multiplier（倍频）"、"Bus speed（外频）"、"Rated FSB（前端总线）"等等

这里是CPU的"Cache（缓冲内存）"类型等等

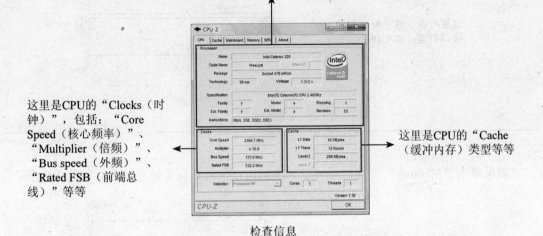

检查信息

3. 单击"Cache"页面，可以详细了解高速缓存信息。

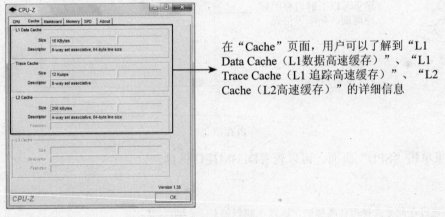

在"Cache"页面，用户可以了解到"L1 Data Cache（L1数据高速缓存）"、"L1 Trace Cache（L1 追踪高速缓存）"、"L2 Cache（L2高速缓存）"的详细信息

高速缓存信息

快手捷径

用户可单击"Mainboard"页面，切换到主板类型信息页面，了解主板的相关信息。

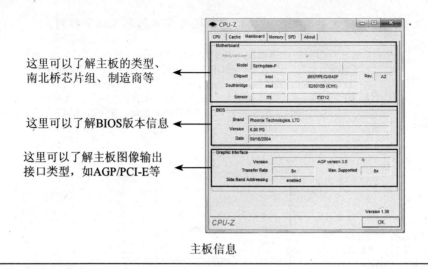

这里可以了解主板的类型、南北桥芯片组、制造商等

这里可以了解BIOS版本信息

这里可以了解主板图像输出接口类型，如AGP/PCI-E等

主板信息

如果单击"Memory"页面，还可以切换到内存信息页面了解系统内存的相关信息。

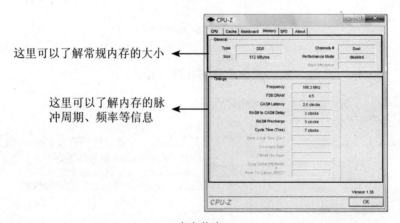

这里可以了解常规内存的大小

这里可以了解内存的脉冲周期、频率等信息

内存信息

如果单击"SPD"页面，可以查看DIMM接口信息。

通过在此处选择内存条插槽，可以了解到该插槽内存条的容量；这里可以了解内存频率

SPD信息

34.2 检测LCD亮点、暗点、坏点

图解操作流程

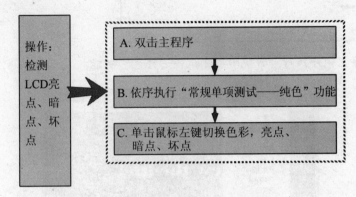

操作：检测LCD亮点、暗点、坏点

A. 双击主程序

B. 依序执行"常规单项测试——纯色"功能

C. 单击鼠标左键切换色彩，亮点、暗点、坏点

若要测试LCD的亮点，可运行DisplayX程序，直接到以下网站进行下载：

http://www.softking.com.tw/soft/clickcount.asp？fid3=22291

DisplayX程序是一款专业的LCD测试软件，它提供了众多的功能。首先来熟悉一下DisplayX程序的功能选卡。

这里提供了单项测试，展开选卡，提供有接口、纯色、色彩、聚焦、几何、Breath效果、256灰度、灰度、对比度

在此选卡下提供了测试图片的设置路径

这是常规完整测试选卡，通过它可进行所有常规功能测试

这里提供了图片测试

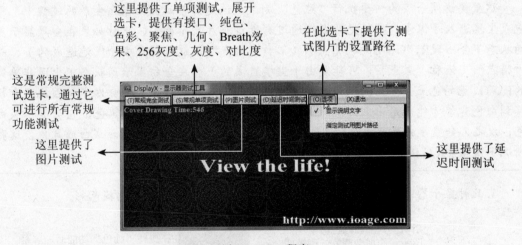

这里提供了延迟时间测试

认识DisplayX程序

下面将说明如何对LCD亮点进行检测。

1. 由于该软件是一款无需安装的软件，因此只需双击主程序即可运行。

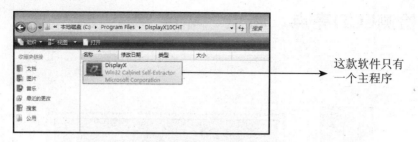

这款软件只有一个主程序

2. 在主程序上依序执行"常规单项测试—— 纯色"功能。

用纯色进行测试

注意事项

　　这里要说明一下为何要执行"纯色"测试，这是由于液晶面板在生产的过程中，气泡或尘埃进入子像素内导致光线直接通过彩色过滤片显示色彩，此时如果在全黑显示器的状态下会出现R、G、B的"亮点"（俗称"灰点"，这可能是由于气泡造成的），而"暗点"（俗称"黑点"，可能是由于尘埃造成的）会在全白显示器状态下出现非单纯的R、G、B的色点，无论显示器显示何种颜色，暗点始终是黑的不会发光，因此只有切换到白色背景才能显示出来。而所谓的"坏点"，当显示器背景为黑色，它会显示成白色，反之又会显示成黑色，当切换到R.G.B三原色状态时，它则只显示成白或黑色，这种情况下该像素R.G.B已损坏，因此我们选择"纯色"进行测试。

3. 此时显示器完全处于单一色彩状态下，用户单击鼠标左键可切换色彩。

当切换到某种颜色时出现如图所示的细微瑕疵，则说明LCD有亮点、坏点或黑点

在执行"纯色"功能后，屏幕将在各种单一颜色背景中切换

一般情况下，通过DisplayX程序测试，在纯色情况下能够很容易发现颜色不一样的亮点或暗点，而在纯白色背景下能够发现亮度更低的坏点

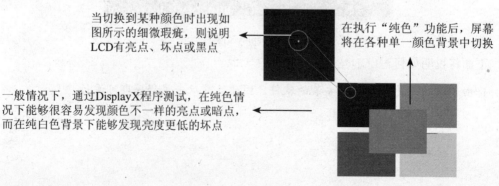

检测情形

快手捷径

DisplayX程序除能够检测LCD的亮点、坏点、暗点等，还能够测试LCD的亮度与对比度、延迟时间等，用户可以自行测试。

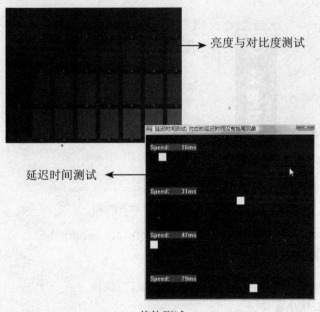

亮度与对比度测试

延迟时间测试

其他测试

注意事项

如果用户的计算机是LCD显示器，受到目前制造技术的限制，LCD显示器有可能会出现亮点、暗点或坏点，不过这并不会影响您正常使用显示器，一般来说小于三个暗点或只有一个亮点或坏点都是可以接受的，关于LCD保修的问题请参考前面章节。

34.3　检测内存条类型

图解操作流程

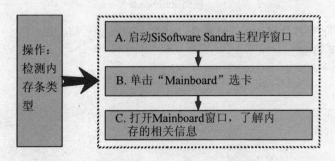

操作：检测内存条类型

A. 启动SiSoftware Sandra主程序窗口

B. 单击"Mainboard"选卡

C. 打开Mainboard窗口，了解内存的相关信息

买回来的内存条效率如何，如何通过软件了解内存条的效率？只需运行SiSoftware

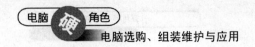

Sandra软件即可，可以到以下网站下载最新程序：

http://www.sisoftware.co.uk/index.html？dir=news&location=xi_release&langx=en&a=

SiSoftware Sandra是一个能够对计算机硬软件进行全面检测、设置、比较的软件。安装也很简单，只需依照提示安装即可。

SiSoftware Sandra安装画面

下面通过执行建立的桌面快捷方式运行SiSoftware Sandra软件，并实际说明如何检测内存条类型。

1. 双击桌面的"SiSoftware Sandra Lite XI.SP1"快捷方式，启动SiSoftware Sandra主程序窗口。

2. 切换到"Hardware"选卡，单击"Mainboard"选项。

用户需要了解的信息都以模块的形式分门别类，您需要看哪一个类别信息，只需要找到模块类别，然后打开某个模块即可了解到详细的信息

使用Mainboard

3. 稍等片刻即可打开Mainboard窗口，找到"Memory Module 1"一栏，这里可以了解到内存条的相关信息。

内存条信息之外，用户还可以了解目前Windows中所有内存条的使用情况。

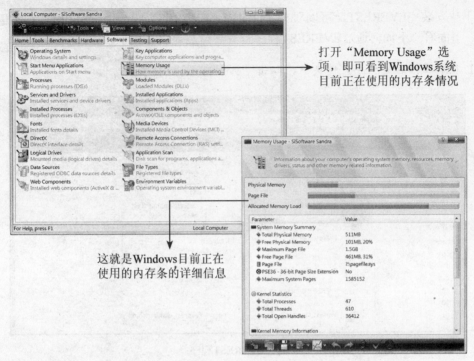

打开"Memory Usage"选项，即可看到Windows系统目前正在使用的内存条情况

这就是Windows目前正在使用的内存条的详细信息

使用Memory Usage

34.4 检测硬盘与高速缓存

图解操作流程

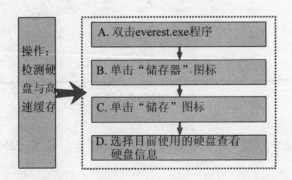

操作：
检测硬盘与高速缓存

A. 双击everest.exe程序

B. 单击"储存器"图标

C. 单击"储存"图标

D. 选择目前使用的硬盘查看硬盘信息

　　SiSoftware Sandra软件虽然强大，不过英文的环境加上过多的专业术语，总有些让用户不习惯，并且SiSoftware Sandra对于硬件的一些功能与细节提供的并不完善，如硬盘高速缓存大小等，那么如何才能测试硬盘高速缓存的大小呢？用户买回来的硬盘虽然会在包装上标明高速缓存大小，不过还是实际测试一下才能让人放心，笔者这里介绍一款名叫

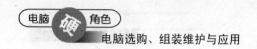

EVEREST的软件，该软件支持多语言环境，用户可以从以下网站下载该软件。

http://www.softking.com.tw/soft/download.asp？fid3=22819

下载安装完EVEREST，可以双击文件夹内"EVEREST Ultimate Edition"图标运行主程序。下面看一下如何通过EVEREST程序查看硬盘高速缓存大小。

1. 在解压缩后的程序文件夹中，双击"everest.exe"程序。

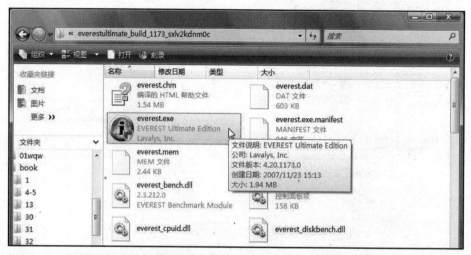

运行EVEREST程序

2. 在启动的窗口中单击"储存器"图标。

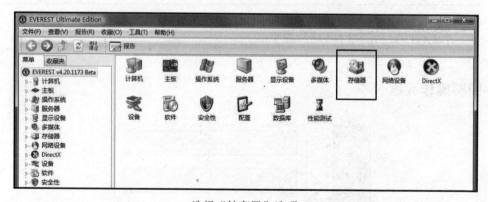

选择"储存器"选项

3. 单击"储存"图标。

4. 在打开的"设备描述"中，单击目前使用的硬盘，在下方的字段中即可了解到硬盘的信息了。

这里不但能够检测到硬盘的基本信息，还能够检测到硬盘的外部规格、生产厂家及厂家的网站地址，真是一款强大的软件

这里就是硬盘的高速缓存大小

检查硬盘信息

34.5 检测显卡芯片组与显卡内存

图解操作流程

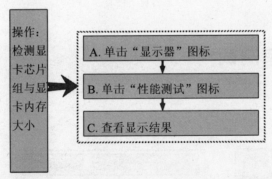

下面笔者仍然以EVEREST这款软件检测显卡芯片组与显卡缓存大小。

1. 在EVEREST主窗口中单击"显示器"图标。

单击"显示器"图标

2. 在新窗口中单击"性能测试"图标。

单击"性能测试"图标

3. 此时软件已经找到了显卡并显示在装置描述中。

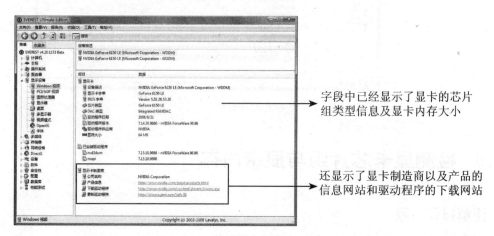

字段中已经显示了显卡的芯片组类型信息及显卡内存大小

还显示了显卡制造商以及产品的信息网站和驱动程序的下载网站

检查显卡信息

34.6 系统效率测试

图解操作流程

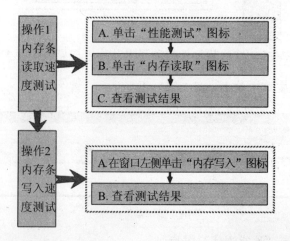

系统效率的高低主要表现在内存条读取与写入的速度，EVEREST软件同样提供了这

些效率测试选项，下面看一下具体的操作。

操作1：内存条读取速度测试

1. 在EVEREST主窗口中单击"性能测试"图标。

执行"性能测试"功能

2. 在新窗口中单击"内存读取"图标。

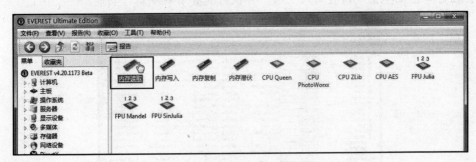

执行"内存读取"功能

3. 执行"查看→刷新"功能，稍等片刻就会出现检测的结果，标有绿色的为刚刚接受测试计算机的速度。

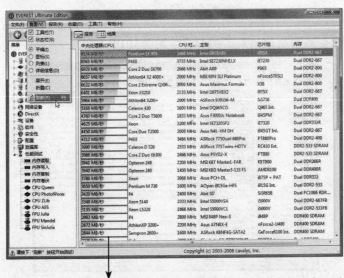

这里列举了52种不同配置的计算机在内存条读取过程中的速度，以便和受测试的计算机做比较

217

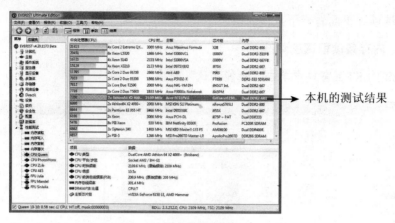

本机的测试结果

检查检测结果

操作2：内存条写入速度测试

1. 在窗口左侧单击"内存写入"项，再执行"查看→刷新"功能。

测试内存写入项目

2. 稍等片刻即会显示测试结果，例如，下图为5014MB/秒。

检查测试结果

第35章

64位系统的架设与安装

35

2003年9月，AMD正式发布了x86结构的Opteron（服务器）和Athlon64（桌面）64位处理器。Microsoft公司的64位Windows Vista操作系统也于2006年11月末闪亮登场。计算机世界悄然进入了从32位向64位过渡的阶段。

35.1　认识与准备

所谓的64位计算机就是以64位CPU为结构的计算机。

64位与32位Windows XP相比的一大特色就是能提供大内存的支持。目前，32位系统最高能支持4GB的内存。而64位系统能支持高达128GB内存。因此，64位计算机相对于32位计算机，每分钟能传输更多的数据，能更迅速、更有效率地运行。因此对于需要大量内存来进行机械设计与分析、数字内容的创作及科学与高性能运算的用户，64位计算机将能突破32位计算机的发展瓶颈，带来更高的工作效率。

64位计算机拥有64位运算的能力，同时它还延续X86结构的功能，因此在64位系统下可以使用今日标准的32位操作系统与应用程序。在32位向64位过渡的今天，我们更有理由去选择64位计算机实现更高的工作需要。

35.2　安装全新的64位计算机

64位算机由64位硬件、64位操作系统及应用程序组成，其中64位的硬件是基础，它提供实体运算支持。下面，将简单看一下64位计算机的选购和组装过程。

1. 选购64位的硬件

目前，市场上卖得最好的64位CPU是AMD的Athlon 64，它在与32位CPU的价格相差不大的情况下以更高的性价比取得了市场的广泛认同。虽然Intel也推出了Pentium4 64位CPU，但是价格偏高，在个人计算机市场中缺乏竞争力。

购买了64位的CPU，还要搭配对应的64位主板。

AMD的Athlon 64 FX CPU

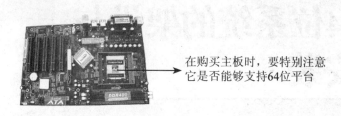

在购买主板时，要特别注意它是否能够支持64位平台

对于内存条、显卡、硬盘等产品的选购与组装，同32位计算机一样，只要主板能够支持就可以了。

2. 组装64位计算机

其实，64位计算机在硬件构架上与32位计算机完全一样，我们只需要按照32位计算机的组装过程来组装即可。具体操作过程请见前文（第四部分DIY完全组装计算机流程）。

35.3 安装64位操作系统

虽然64位计算机能够兼容32位系统，但是仍无法充分发挥64位计算机的效率，所以在组装好了64位的计算机硬件后，还要安装64位的操作系统才能发挥64位计算机的强大功能。

准备好Windows Vista安装光盘后，下面我们将介绍64位Windows操作系统的安装过程。

1. 安装64位Windows操作系统

64位计算机和64位操作系统安装程序都准备好了，下面就来安装64位Windows操作系统。

操作一　设置BIOS

操作二　安装前硬件检查

操作三　设置语言　启动安装

操作四　初始设置

操作五　安装　系统基本设置

安装64位Windows操作系统流程图

操作1：设置BIOS

重新启动计算机，出现开机画面后按下"Del"键，进入CMOS设置界面。

进入"Advanced BIOS Features"功能选项列，移动上下方向键至"First Boot Device"功能一栏，调整为"CDROM"启动。保存设置并退出。

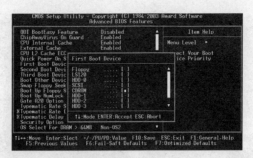

设置成使用光盘开机

操作2：安装系统前的硬件检查

放入64位Windows操作系统的安装光盘启动计算机，当显示器出现"press any key to boot from CD"的时候按下任意一个键。

安装程序首先会对您的硬件进行检查，如果CPU不是64位，安装程序将会终止。硬件检查通过后，安装程序会提醒您，该安装程序为限时的评估版本，确定要安装请按下"Enter"键，进入光盘启动Windows Vista的安装画面。

操作3：光盘启动Windows Vista系统安装程序

Windows Vista的安装尽管在画面上与Windows XP有较大的区别，但是安装过程也比较容易，不论您是计算机初学者还是计算机高级玩家，只需按照下面的步骤操作，就可以成功安装Windows Vista操作系统。

在光盘启动Windows Vista的安装画面后，首先出现的是语言、格式、输入法的选择，这与Windows XP的安装顺序有很大的区别。

1.在"时间及货币格式"上选择"中文（中国）"选项。

2.单击"下一步"按钮。

3.单击"现在安装"按钮，安装程序启动。

安装程序启动画面

操作4：初始设置与复制Windows文件

1. 填上产品序列号，单击"下一步"按钮。

输入产品密钥

2. 然后选择正确的Windows版本，这里选择"Windows Vista VULTIMATE"选项。

3. 勾选"我已经选取我购买的Windows版本"复选框。

4. 单击"下一步"按钮。

5. 勾选"我接受许可条款"复选框。

6. 单击"下一步"按钮。

选择正确版本　　　　　　　　　　　　接受许可条款

7. 单击选择系统的安装类型。

8. 点选安装系统的磁盘位置。

9. 单击"下一步"按钮，系统就会自动安装。

选择"自定义"选项　　　　　　　　　　选择系统的安装位置

此时Windows Vista将进入安装过程，稍等一会儿即自动安装完毕。

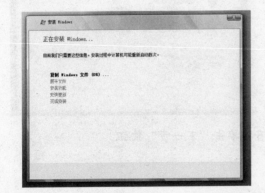

复制安装文件

Windows文件复制完成后，系统需要重新启动。

操作5：安装与基本设置

1. 单击"立即重新启动"按钮。
2. 输入用户的名称。
3. 输入密码。
4. 重复输入密码。
5. 输入密码提示。
6. 单击"下一步"按钮。

 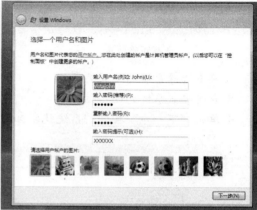

设置Windows

7. 输入计算机名称。
8. 单击"下一步"按钮。
9. 选择"使用推荐设置"选项。

 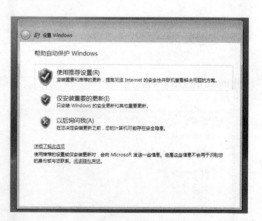

10. 在时间设置这一步选择默认选项，直接单击"下一步"按钮。

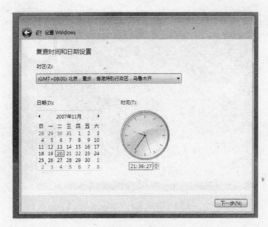

检查时间设置

11. 如果您的系统是非办公使用，则建议选择"家庭"选项。单击"家庭"选项。单击"家庭"选项。单击"开始"按钮，Windows就会自动完成剩余的安装。

完成Windows设置后的画面

系统自动进入Windows Vista操作系统

安装完成后，系统会重新启动自动进入64位Windows Vista操作系统。

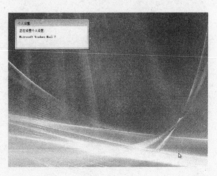

进入系统桌面

读者会看到下图系统桌面基本上与32位的系统相差不多，在操作上基本它们也是一致的。

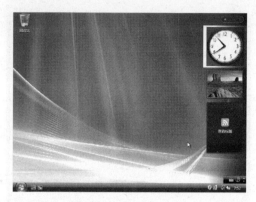

安装完成，成功进入64位Windows Vista系统*

2. 安装64位驱动程序

虽然64位能够向下兼容32位程序，但是64位和32位Windows Vista的硬件驱动程序完全不能混用，也就是说，如果你所用硬件的生产厂家还没有开发出针对64位Windows Vista使用的驱动程序，那么该硬件在64位Windows Vista下可能无法使用。即使64位操作系统内置的通用驱动程序能够识别多种硬件，但是它们的性能和功能都会受到影响。因此，对于部分硬件而言，若想发挥最佳效率，最好还是手动安装64位的驱动程序。

目前，购买硬件附送的驱动程序一般都是针对32位系统的，要取得64位驱动程序，可以通过上网搜索硬件厂家的官方网站，找到对应的硬件驱动程序，即可下载并进行安装。

第36章

硬件基本维护

同样配置的两台计算机，维护方法的不同，它们的寿命和工作状况也会不同。如果您想要爱机能长时间顺畅地为您服务，那么就先要给它一个舒适凉爽的工作环境，同时在工作过程中要"温柔"地对待她。

36.1 主机散热问题

如果让你在一间密不透风、闷热的办公室里工作，想必你一定会感到很不舒服吧？工作效率就更别说了。同样，如果计算机主机内部散热不当，计算机在运行过程中也会出现许多问题。

● 连接线、数据线老化，它们会变得很软，接口松脱，甚至绝缘层会出现破裂现象。
● 系统运行缓慢，无缘无故关机。
● 磁盘数据产生错误或者丢失。

36.1.1 主机热量的来源

要解决主机的散热问题，我们得先弄明白热量是由哪些硬件散发出来的。当计算机高负荷运转一段时间之后，你把手放到离主机里各个硬件不远的地方（相隔一公分左右即可）感觉一下。即可知道哪些硬件发热量比较大。

事实上，绝大部分主机里面的热源都差不多：显卡、CPU和硬盘是计算机的"发热大户"。除了这三种硬件外，其他一些适配卡，如电视卡、网卡和电源都会散发出巨大的热量。

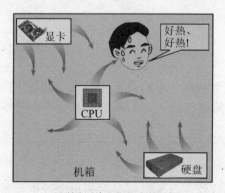

计算机的"发热大户"

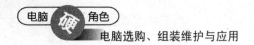

36.1.2　如何帮主机散热

知道了主机热量来源后，我们就可以采取有效的方法为主机散热了。散热包括两部分：机箱内部的散热和主机工作环境的散热。

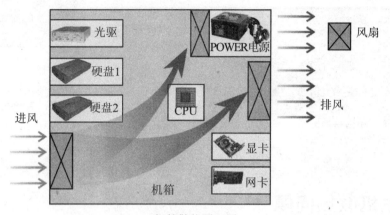

机箱散热原理图

对于机箱内部的散热，强劲的风扇加上优秀的散热片是必要的选择。

散热片可以用散热膏贴在硬件的芯片上；现在的显卡和CPU都带有风扇的了，但我们可以另外在机箱上再加装风扇，安装风扇的原理一般有两种。

- 正气压法（机箱内部的气压比外部的气压高，使内部的高温气体向外部自然流动）。

- 负气压法（机箱内部的气压比外部的低，外部冷空气向机箱内流动）。

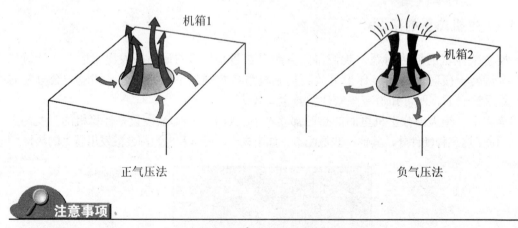

对于机箱内部的散热，强劲的风扇加上优秀的散热片是必要的选择。

注意事项

前者是机箱的进风大于抽风，风扇向里吹得多，抽得少；后者则反过来。正气压法风速比较快，但有些隐蔽地方可能吹不到风，而且会带来较多灰尘。所以推荐大家使用负气压法。

装风扇时可别接反了方向。

除了安装风扇和散热片外，理顺机箱里面的电源线也很重要，这样可以加速空气的流通。

解决工作环境的散热可从温度和通风方面着手，安装冷气和排风扇就是较常用的方法。

36.2 理想的工作环境

在计算机的使用中，环境对计算机的影响经常会被人们忽视，因为环境对计算机的影响有一个累积的过程，一般不会马上表现出来。

事实上，各种系列的计算机设备和数据的储存介质，对环境条件的参数范围要求都有其技术规定。超过和达不到这个规定的标准，就会降低计算机的可靠性，缩短它的寿命。

环境因素包括温度、湿度、清洁度、电磁干扰和静电等等，针对这些环境因素，我们可分别采取不同的措施。

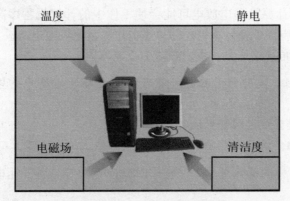

对计算机会产生影响的环境因素

1. 湿度对计算机的影响

空气湿度过低容易产生静电，对计算机造成干扰，而湿度过高的话，又会使计算机造成短路。所以，计算机应该安放在干燥通风的地方，条件允许的话最好装上冷气等通风设备，这样除了保持适宜的温度外，也可调节空气湿度。

2. 清洁度会影响计算机的正常工作

灰尘对计算机的危害比较大，也是计算机硬件产生故障的主要原因之一，例如磁盘和磁头上的灰尘太多时，轻则造成读写错误，重则刮伤盘片，累积的灰尘过多还有可能引发电路短路。

通常，防止灰尘侵害计算机的方法有以下6点。

- 不要在计算机前吸烟。
- 计算机的周围不要放置或食用会产生碎屑的食物。
- 绝对不要让液体渗进计算机机箱内。
- 用吸尘器或者毛刷清理计算机机箱内部及其周围的地方，每两周至少一次。

- 用抗静电材料清洁显示器。
- 定期清洁计算机工作室。

3. 电磁干扰对计算机的危害

计算机及其周边硬设备对电磁的干扰都非常敏感。严重的电磁干扰甚至可以让计算机无法工作，比如，我们把手机放在计算机附近，当手机接收信息时，计算机显示器会有一阵闪动，音箱发出啪啪的声音，这是最常见的计算机对电磁干扰的反应。虽然不可能完全杜绝电磁干扰，但我们可以通过一些途径来降低电磁的干扰。

- 屏蔽：把交换式电源等高电磁干扰来源部分都装在金属容器里，金属越厚屏蔽效果越好。
- 限制电磁干扰的来源，如计算机机房的位置应远离强电磁场、超音波等辐射源。

4. 静电对计算机的干扰

静电干扰也是计算机产生故障的主要原因之一。在数字电路中，静电放电常常会产生许多严重的后果，计算机静电放电可能会使工作中的计算机程序产生偶发性的随机错误。严重的计算机静电还可使计算机硬件急速劣化，甚至烧毁电路板上的芯片。

静电对计算机的危害这么大，我们必须小心地防护。

- 安装计算机时，要把计算机的外壳及其他设备的金属外壳与地线保持良好的接触。
- 在计算机工作室铺设防静电地毯。
- 拆装计算机硬件设备之前要用水洗手，然后戴上绝缘手套。

环境因素对计算机的影响这么大，在平时就应该做好防备，让电脑工作在一个理想的环境中。

36.3 良好的使用习惯

前面说明了如何为计算机主机散热和维持一个理想的计算机工作环境，这是属于"硬"的方面，下面就介绍"软"的方面。软硬兼施，才能把计算机维护好，让它正常工作。

1. 开机和关机

开机和关机虽然比较简单，但不正当的操作常会引发意想不到的结果。

使用计算机时先开电源的开关，如：插座上的开关，再打开周边设备的电源开关，如：打印机、扫描仪、显示器的电源开关，最后才打开主机上的电源开关。

在关机时切记不可直接关闭电源开关来关闭计算机，除非遇到了意外情况而不能正常关机的时候。如果你经常直接关闭电源开关关闭计算机，说不定在下一次开机时就出现一些不可预知的情况，严重时还可能导致Windows系统文件损坏而无法启动，或Windows中的一些应用程序不能正常工作，甚至造成硬件损坏。

不要频繁地开关机，每次关、开机之间的时间间隔应不小于30秒。长时间不使用计算机，就得关闭计算机以节省能源并减少设备耗损，但如果只是暂时离开，那就只需关闭显示器。

2. 个人使用习惯

要养成良好的个人计算机使用习惯，必须要细心和耐心。

购买计算机或更换设备的时候要清点软硬件、驱动程序及随附的文件，阅读安装手册，然后才安装。增加或者去除计算机硬件前要先将计算机断电，并确定自己没带静电，然后再进行操作。

计算机在插电开机之后不可随意地移动，也不能振动计算机，以免由于振动造成硬盘表面的刮伤及意外情况的发生。

避免一边吸烟（或者吃东西），一边使用计算机。因为这样会污染电脑中的键盘、鼠标及硬盘，吃的东西或喝的水溅到计算机设备（如键盘）上还可能造成短路。

在使用计算机的时候，为防止意外发生，如硬盘损坏或错误操作等，应该对常用的重要数据进行经常性的备份（包括本机和异地备份）。当发生意外后就可用已备份的数据来进行恢复。

眼睛不能离计算机显示器太远或太近，隔一段时间还要让眼睛得到适当的休息，以免危害视力健康。

3. 软盘和光盘的使用

软盘中的盘片容易刮伤，正确地使用和保管可以延长它的使用寿命。请注意以下几点。

- 不要触摸软盘中的盘片。
- 注意清洁、防潮，不要把软盘片放在阳光下直晒。
- 不要使软盘片接近强磁场，如音箱、电视机、显示器等。
- 对于存放重要数据的软盘，应该做好备份。

光盘不像软盘那样可以对损坏的地方进行修复或标识，光盘一旦坏了就不能再修复，所以保养光盘是非常重要的。

- 不用的光盘应将其从光驱中取出并存放在专门的保存盒中，以免刮伤光盘的表面，使得下次使用时无法读出数据。在放置光盘时还应注意不要使光盘变形。
- 拿光盘时不要用手接触盘面。
- 经常清洗光盘，方法是用软布从光盘的中心开始向外擦试，不能绕着圆周擦拭。如果光盘太脏可以用清水加清洁剂清洗。
- 光盘在工作的时候不能强行从光驱取出。

4. CRT显示器的使用维护

显示器的维护和保养非常重要，一般应注意以下4个方面。

- 注意显示器应远离电磁场以免显像管磁化，不要把带磁性的物体靠近显示器。

- 注意环境卫生，应经常擦试显示器的表面。
- 显示器在插电的情况下不要移动显示器，以免造成内部显像管灯丝的断裂。
- 采用显示器保护程序。因为当显示器上的内容长时间没变化时，显示器上某些点长期点亮，将使这些点的萤光粉老化，妥善利用显示器保护程序可消除这种危害。

5. 打印机的维护

打印机是办公室里的必要设备之一，使用不当容易产生故障。每一台打印机在其用户手册中都有详细的维护措施说明，日常的维护就要注意按规则操作。

- 不应放置于多灰尘、日光直射的环境中。
- 对于针式打印机，它使用的色带有一定的寿命，应注意更换以免将列印针头折断。
- 对于喷墨打印机，不要强行用力移动墨水喷头，因为这样很可能会导致打印机机械部分的损坏，更换墨水要遵循用户手册说明的操作步骤。
- 对于激光打印机，因为其制作比较严密，换一次碳粉后可以打印几千张纸，所以维护相对简单。要是出了问题最好拿给专业人士修理。

软件基本维护

硬件维护能够保证系统稳定高效运行，而软件维护则能够保障系统资源的合理使用与操作系统的安全。

37.1　操作系统启动优化

操作系统启动过程中会加载设备驱动程序、系统核心程序、系统服务程序、用户自定义系统环境、系统启动程序等，其中一些选项会降低系统效率，例如以下所描述的情况。

● 启动时加载过多程序，降低了系统登录与注销效率，一些用户在新装了几个软件之后，会发现系统启动速度明显变慢，这是因为系统在启动或关闭前加载了过多的激活程序。

要想了解激活程序选项，首先要熟悉一下通知区域。

通知区域

在显示器右下角的状态栏统称为通知区域，此位置用于显示在背景中运行的程序。这些程序通常最小化成系统图标，当用户需要启动这些程序时，只需双击该程序对应的系统图标即可。

有一些程序在开机后就会自行激活并最小化到通知区域中，这是因为在安装时将这些程序加入到激活程序选项中，例如杀毒软件、MSN、QuickTime等。

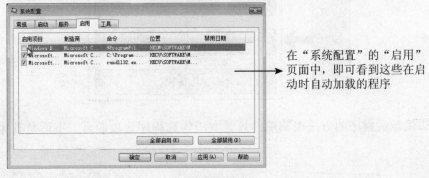

在"系统配置"的"启用"页面中，即可看到这些在启动时自动加载的程序

启动程序选项

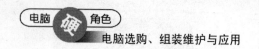

通知区域中的快速激活程序无疑给用户在快速启动某些程序时带来了方便，但同时也影响了系统启动与关闭的速度。

● 登录与退出时间设置降低了系统效率。除了系统启动程序选项会影响启动与关闭速度外，系统开关机的等待时间也是影响速度的原因之一。

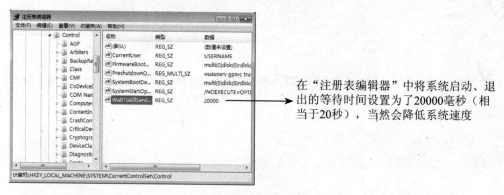

在"注册表编辑器"中将系统启动、退出的等待时间设置为了20000毫秒（相当于20秒），当然会降低系统速度

系统开关机时间

因此本书将从下一小节开始，对Windows的启动速度进行一些关键性的优化处理，使计算机能够达到最佳的效率。

37.1.1 取消启动程序项目

图解操作流程

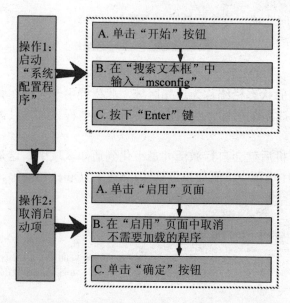

取消加载激活程序的方法很简单，只要取消勾选程序选项即可。下面是具体的操作方法。

操作1：启动"系统配置程序"

1. 单击"开始"按钮。
2. 在"搜索"文本框"中输入msconfig。
3. 按下"Enter"键，即可启动"系统配置"窗口。

运行msconfig程序

操作2：取消启用项

1. 在"系统配置"窗口中单击"启用"页面。
2. 在启用选项一栏中取消不需要加载的程序。
3. 单击"确定"按钮，重新启动计算机即可。

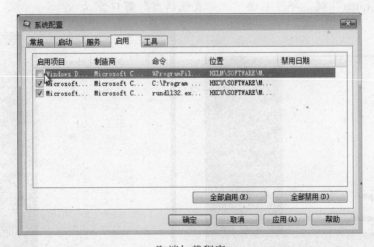

取消加载程序

如果有要保留激活的程序，只要勾选该程序的勾选项即可。

235

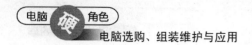

37.1.2 设置登录与退出系统等待时间

图解操作流程

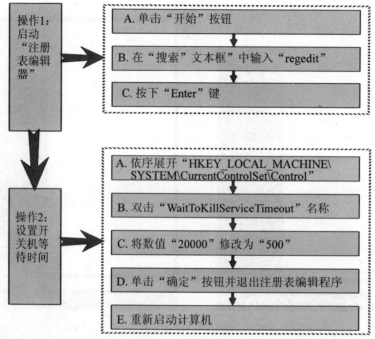

设置登录与退出系统等待时间，能够加快登录与退出的速度。

操作1：启动"注册表编辑器"

1. 单击"开始"按钮。
2. 在"搜索"文本框中输入"regedit"。
3. 按下"Enter"键，即可启动"注册表编辑器"窗口。

执行regedit程序

操作2：设置开关机等待时间

1. 在"注册表编辑器"窗口左侧依序展开"HKEY_LOCAL_MACHINE→SYSTEM→CurrentControlSet→Control"。

2. 双击"WaitToKillServiceTimeout"名称。

3. 在展开的窗口中将数值"20000"修改为"500"。

4. 单击"确定"按钮。

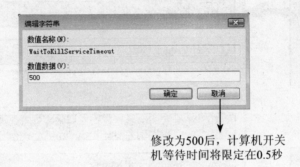

修改为500后，计算机开关
机等待时间将限定在0.5秒

编辑字符串数值

5. 最后关闭注册表编辑器，并重新启动计算机使设置生效。

更改注册表数值的结果

37.1.3 加快功能菜单的显示速度

图解操作流程

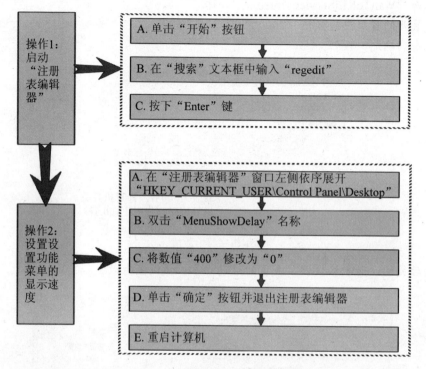

用户会发现启动开始功能菜单的速度会随系统安装程序的增多而逐渐变慢，能否通过修改一些参数值使其加快呢？答案是肯定的！下面通过修改注册表编辑器的相关参数来加快功能菜单的显示速度。

操作1：启动"注册表编辑器"

1. 单击"开始"按钮。
2. 在"搜索"文本框中输入"regedit"。
3. 按下"Enter"键，即可启动"注册表编辑器"窗口。

运行regedit程序

操作2：设置功能菜单显示速度

1. 在"注册表编辑器"窗口左侧依序展开"HKEY_CURRENT_USER→ControlPanel →Desktop"。

2. 双击"MenuShowDelay"名称。

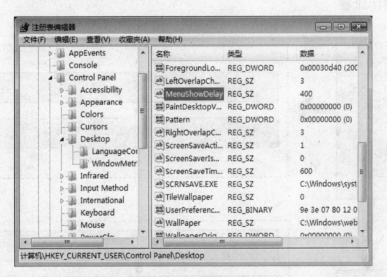

双击"MenuShowDelay"

3. 在启动的窗口中将数值"400"修改为"0"，修改为0后，展开功能菜单的等待时间将限定在0秒。

4. 单击"确定"按钮。

编辑字符数值

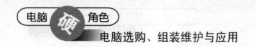

5. 最后关闭注册表编辑器，并重新启动计算机使其设置生效。

编辑字符数值后的结果

37.1.4 设置显示操作系统清单的时间

图解操作流程

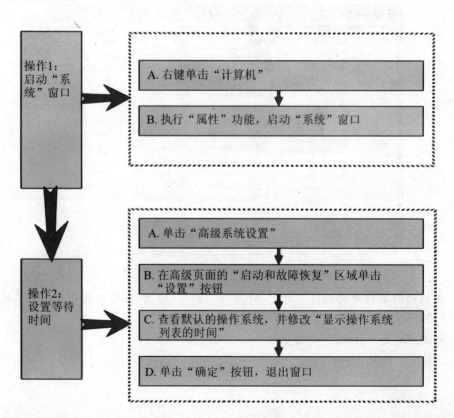

如果用户安装了多个操作系统，那么在开机后，首先会进入操作系统清单选择画面，并在30秒后使用默认的选项启动操作系统，但你可在这30秒之内自行选择进入指定系统。如果想要缩短这30秒等待的时间，只需简单设置，即可将时间由30秒变成更短如3

秒或者干脆取消等待时间。

操作1：启动"系统"窗口

1. 右键单击"计算机"。

2. 从快捷菜单中选择"属性"，打开"系统"窗口。

启动"系统"窗口

操作2：设置等待时间

1. 单击"高级系统设置"选项。

单击"高级系统设置"

2. 在"高级"页面的"启动和故障恢复"区域单击"设置"按钮。

设置"启动和故障恢复"内容

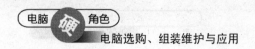

3. 查看默认的操作系统，并修改"显示操作系统列表的时间"为3秒。假如修改为0，功能菜单的等待时间将限定为0秒，这时开机后将不会显示操作系统清单，直接进入系统的默认选择项。

4. 单击"确定"按钮，退出窗口。

设置显示操作系统列表的显示时间

37.2 操作系统安全防护设置

自从Windows Vista发布以后，微软进一步加强了操作系统防火墙的功能，但许多用户还不太了解系统内置防火墙的设置，因此本节将从用户的角度概述一下Windows Vista内置防火墙的设置，同时也会讲解到使用杀毒软件时的一些搭配性与关键性设置。

37.2.1 一些必要的基本概念

计算机中防火墙的主要功能是依据TCP/IP协议对连接口（port）和通讯信息进行分析与管理；也就是说防火墙能够对网络的存取进行分析与监控。因此如果用户能够理解协议、连接口的概念，并且能够理解网络信息的发送与接收过程，就不难理解防火墙的工作原理，同时也就能够对防火墙进行全面的设置。

● TCP/IP协议：TCP/IP是"Transfer Control Protocol/Internet Protocol"的缩写，中文译为传输控制协议与网际协议，又叫网络通信协议，这个协议是Internet国际互联网络的基础。

从表面上看TCP/IP似乎是两个协议，但其实TCP/IP协议是目前上百种通信协议的统称。而TCP（传输控制）协议和IP（网际协议）协议则是能够保证数据完整传输的两个最基本也是最重要的协议。

TCP（传输控制）协议：此协议会依据所传送出去数据包（Packet）的状态，来判定该数据包是否要重新传送（retransmit），当网络发生问题时，在一定的时间内无法到达接收端，TCP会告诉传送者"数据包超时（time-out）"的信息，它还能做到流量管制（flow control）的工作，确保传送端所送出的数据包能够及时的由接收端接受。

技能充电

　　数据包是什么？简单来说，数据在网络上传输之前，必须要先切割成数个区块才能根据相关的通信协议完成在网络上传输业；这就好象日常生活中将包裹打包好送出的意思，故而称之为数据包。

- IP（网际协议）协议：主要用于互联网络控制数据流向的协定，一个IP数据包包括了版本、服务型态、数据包长度、标识符串、旗号、区段位移、存活时间、协议、检查号码、原始位址、目的位址等，接着才是IP的数据。

- ICMP协议：ICMP（Internet Control Message Protocol）协议属于TCP/IP协定中的一种，是用来控制在Internet的TCP/IP通信协议当中各种控制命令所产生的结果，例如：数据在互联网络上传递是否到达目的地或网络塞车、TTL（数据包存活时间）等信息。例如使用ping指令测试网络节点是否通畅，所收到的信息便是ICMP响应数据包（ICMP echo and reply）。

- UDP协议：UDP（User Datagram Protocol）是一种在IP网络上广泛使用的通信协议，这个协议使用的是非连接导向的，所以不会检查传送出去的数据是否有到达用户端，所以其速度较TCP（传输控制协议）为快，但也不保证能够安全的送达（因为在传送时并不需要预先建立联机），SNMP传输时所使用协议的便是UDP。

- 端口：端口（port）可以比喻成一条通道，端口的作用是使数据通过这条通道与外部进行通信。而计算机中共有65536个端口，在这些端口中，按照分类可以分为两种。

- 已知端口（Well-Known ports）：已知端口是指某些通信协议默认的端口号，范围从0到1023。这些端口会固定分配给一些服务，如FTP服务所使用的21端口、HTTP服务所使用的80端口等。

- 动态端口（Dynamic ports）：从1024到65535的范围属于动态端口，也就是说这些并没有固定分配给哪一个服务，所以每一个服务都可以使用它。由于这样的原因，使得网络方面的应用更有弹性，但是也给病毒木马程序留下可趁之机。

37.2.2　了解Windows Vista中的防火墙

　　Windows Vista中的系统防火墙如何启动？如何设置？要想了解这些问题首先还需要熟悉一下系统防火墙。

　　其实默认情况下，Windows Vista中的防火墙是处于启用状态的。

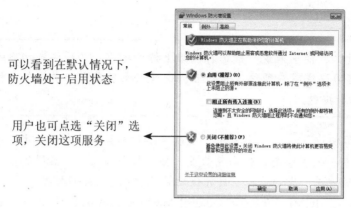

可以看到在默认情况下，防火墙处于启用状态

用户也可点选"关闭"选项，关闭这项服务

Windows防火墙

用户也可设置例外程序，这样既可使这些程序不致遭到防火墙的封锁，同时也增加了系统的安全性。

例外程序

虽然防火墙设置窗口有"高级"页面，但是其中几乎没有什么具体的设置项。如果要进行防火墙的高级设置需要另外打开具有高级安全性的Windows防火墙程序，在其中进行相关设置，由于高级防火墙的设置较为复杂，不适于初学者掌握，我们这里仅做简要介绍，读者可选读此部分内容。

执行"开始→所有程序→控制面板→管理工具→高级安全Windows防火墙"功能，将启动设置窗口。

单击"输入规则"项，可以看到各程序的输入规则，选取其中的一条规则，在动作区单击"禁用规则"就可以停止使用该程序的输入规则，对于已经停用的规则也可以单击"启用规则"启用它。

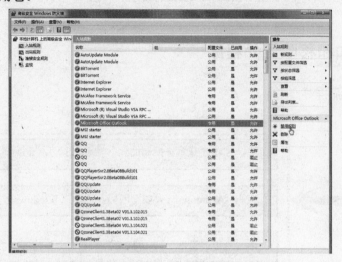

双击某规则可以启动该规则的内容窗口，对其进行详细设置，例如：更改本机连接口需要先设置为特定连接口，然后在下方的方块内输入连接口数值。

某些通信协议类型还可以进一步设置，例如：ICMPv4协议，此时可单击"自定义"按钮进行ICMP的设置。

虽然Windows Vista内置的防火墙只能算是初级的防火墙，特别是在设置例外项中的

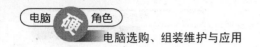

规则设置过于简单，但毕竟它与Windows系统已有了很好的兼容性，同时对于家庭用户而言，Vista内置的防火墙已经能够满足一般使用需要了。

　　为了更具体且实际的了解Windows Vista的设置，从下一节开始，将讲述如何添加和删除例外程序。

37.2.3　添加和移除例外程序

图解操作流程

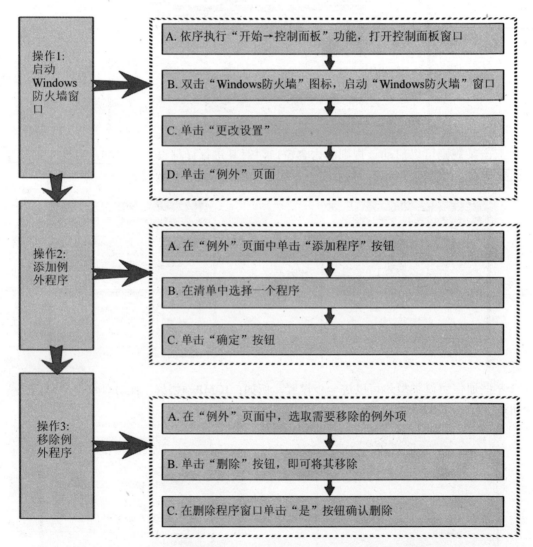

操作1:
启动
Windows
防火墙窗口

A. 依序执行"开始→控制面板"功能，打开控制面板窗口

B. 双击"Windows防火墙"图标，启动"Windows防火墙"窗口

C. 单击"更改设置"

D. 单击"例外"页面

操作2:
添加例
外程序

A. 在"例外"页面中单击"添加程序"按钮

B. 在清单中选择一个程序

C. 单击"确定"按钮

操作3:
移除例
外程序

A. 在"例外"页面中，选取需要移除的例外项

B. 单击"删除"按钮，即可将其移除

C. 在删除程序窗口单击"是"按钮确认删除

　　上一节简单介绍了例外项的作用，本节将具体介绍例外项的建立与删除。

操作1：启动Windows防火墙窗口

1.依序执行"开始→控制面板"功能，打开控制面板窗口。

打开"控制面板"窗口

2. 双击"Windows防火墙"图标，启动"Windows防火墙"窗口。

3. 单击"更改设置"。

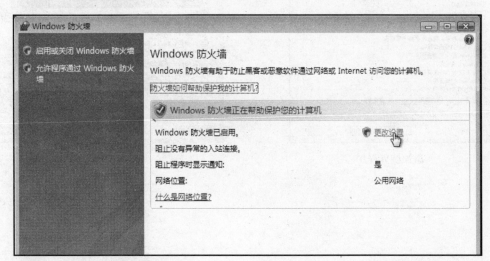

4. 单击"例外"选项卡。

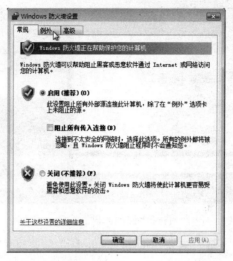

进入"例外"页面

操作2：添加例外程序

1. 在"例外"页面中单击"添加程序"按钮。
2. 在清单中选择一个程序。
3. 单击"确定"按钮。

添加例外程序

指定添加程序

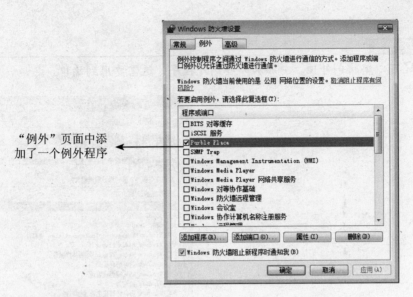

"例外"页面中添加了一个例外程序

操作3：移除例外程序

1. 同样在"例外"页面中，选取需要移除的例外项。
2. 单击"删除"按钮，即可将其移除。
3. 在删除程序窗口单击"是"按钮确认删除。

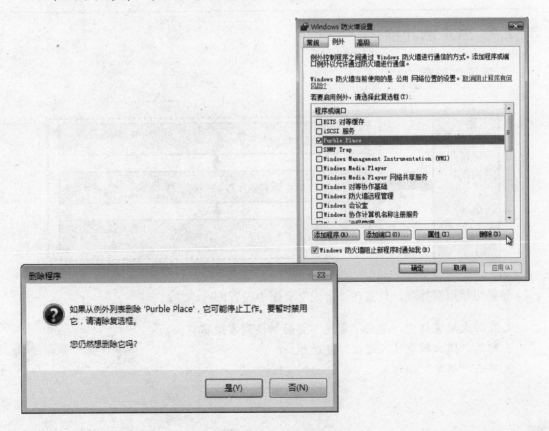

快手捷径

用户还可以编辑例外项，并添加一些例外程序，这需要用到端口。

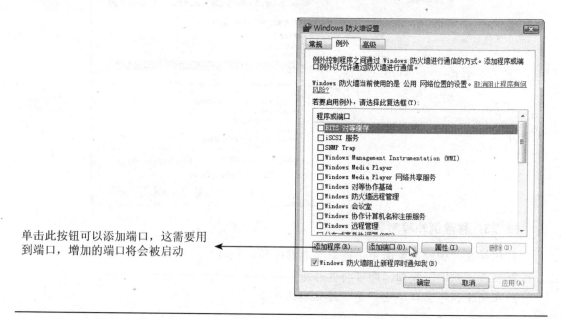

单击此按钮可以添加端口，这需要用到端口，增加的端口将会被启动

37.2.4 阻止例外项

图解操作流程

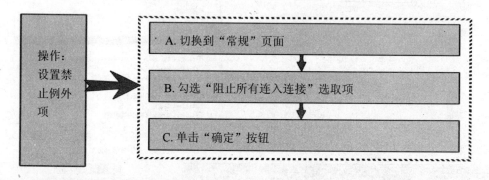

如果想禁用例外项，只需在"常规"页面中设置即可。

1. 在防火墙窗口中，单击"常规"页面切换到常规窗口。
2. 勾选"阻止所有传入连接"复选框。
3. 单击"确定"按钮。

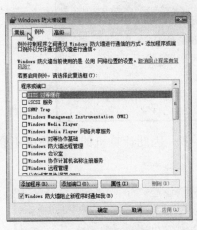

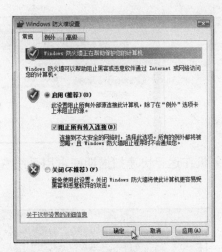

进入"常规"页面   不允许例外

37.2.5　了解Windows Defender的扫描方式

　　本节以及以下部分将针对Windows Defender如何扫描进行全面的讲解，通过对Windows Defender扫描方式的学习，了解并掌握杀毒软件中比较有代表性的几种扫描方式。

　　Windows Defender提供了"快速扫描"、"完整扫描"、"自定义扫描"三种扫描方式，这三种扫描方式在杀毒软件中还是很有代表性的，几乎日常用到的操作都被囊括在内。

　　在Windows Defender窗口中，单击"扫描"功能旁边的 按钮就可以看到这三种扫描方式。

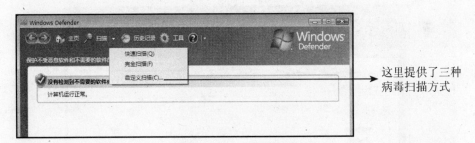

　　　　　　　　　　　　　　　这里提供了三种
　　　　　　　　　　　　　　　病毒扫描方式

Windows Defender主页面

1．快速扫描

　　快速扫描是这三种扫描方式中速度最快的，它不会扫描计算机的所有地方，很多杀毒软件也提供这种扫描方式，通常都是扫描内存、注册表、磁盘分区表等计算机中重要位置，一般来说这种扫描是我们日常应用中最为常用的。

　　执行快速扫描功能项，就可以启动快速扫描了。

计算机在运行快速扫描期间占用系统资源不多,因此计算机的运行速度不会受到太大影响。

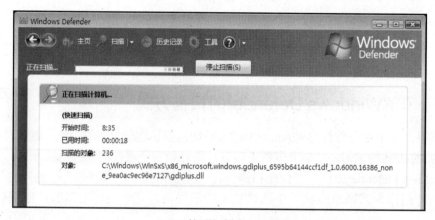

快速扫描中

扫描结束会显示出扫描所用时间和扫描过的文件数量。

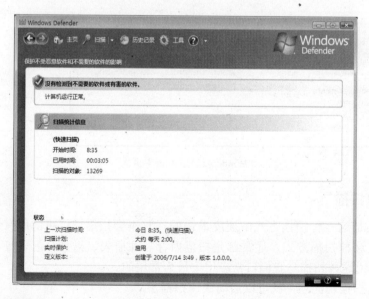

2. 完全扫描

必须提醒大家,这种扫描方式会消耗大量时间,所以一般来说我们是在快速扫描发现病毒后,为了全面清理病毒才会执行这种扫描方式。如果您刚刚安装了某个杀毒软件，第一次扫描最好还是采用完全扫描。

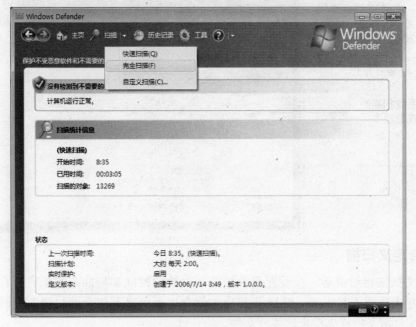

执行完全扫描

在扫描过程中由于进行大量文件的对比检查，一般会影响系统的正常工作，计算机会变得较慢，完整扫描时最好不要用计算机进行其他工作，因为您打开的程序可能会导致病毒无法清除，而这时计算机的工作效率也较差。

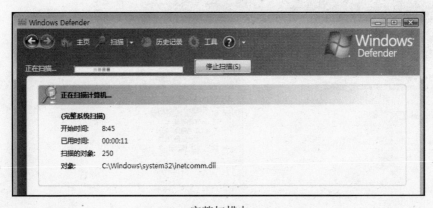

完整扫描中

扫描时间很漫长，时间耗用的多少与计算机的文件数量多寡、效率高低有关，不过影响最大的是软件本身，并且不同的杀毒软件在扫描速度上差异很大。

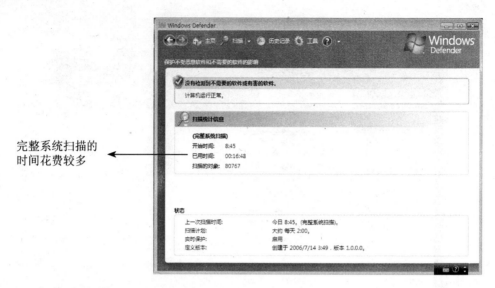

完整系统扫描的
时间花费较多

3. 自定义扫描

自定义扫描相对灵活，按设置要求扫描，大致的时间和扫描范围都可以自己控制，不过这种方式应用不算太多，怀疑某部分文件有病毒而又不想全面扫描耽误时间，那么就可以通过自定义扫描来检查这部分文件。

启动自定义扫描，会需要先进行设置范围。单击"选择"按钮后会出现计算机的各个磁盘驱动器。

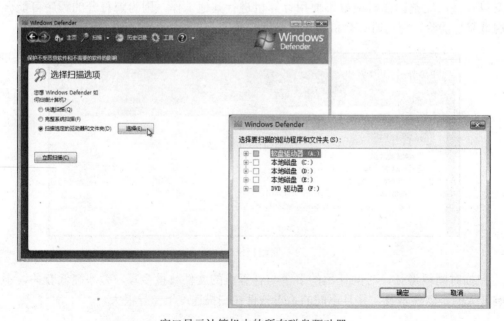

窗口显示计算机中的所有磁盘驱动器

单击⊞可以看到磁盘驱动器上的文件夹，勾选需要扫描的文件，然后再单击"确定"按钮，退出这个窗口。在接下来的窗口内单击"立即扫描"按钮，可以开始自定义扫描，如果自定义文件不多，过程将会比快速扫描还快。

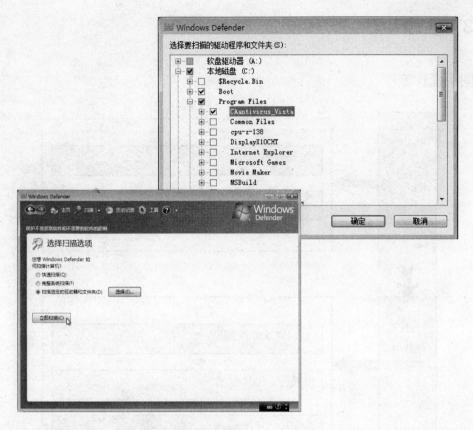

37.2.6 其他杀毒软件的扫描方式

虽然基本的扫描方式就那么几种，不过不同软件对其命名还是有些差异的，下面我们来看另一款杀毒软件的扫描方式。

CA Anti-Virus的扫描方式不多，"Scan My Computer for Viruses"基本上就是我们在Windows Defender中的完整扫描，而"Select Files and Folders to Scan"则类似于自定义扫描。

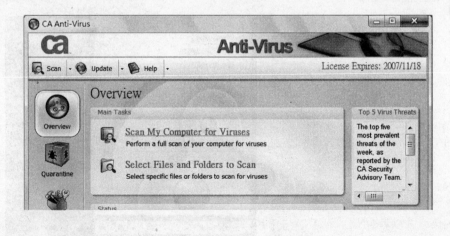

255

37.3 软件卸载方法

图解操作流程

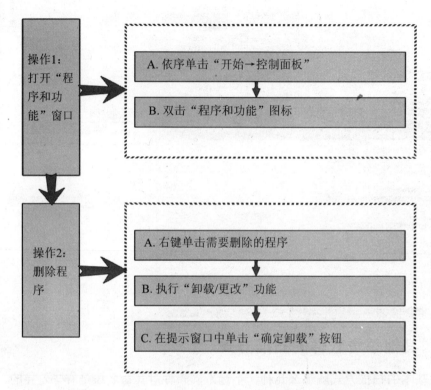

软件的删除方法其实很简单，通常使用软件本身在安装后附带安装的Uninstall程序选项即可；若是安装的软件并没有提供此删除程序文件，可以在"程序和功能"窗口中删除指定的程序。

在"开始→所有程序"菜单中，大部分程序通常都会提供一个删除程序（Uninstall）

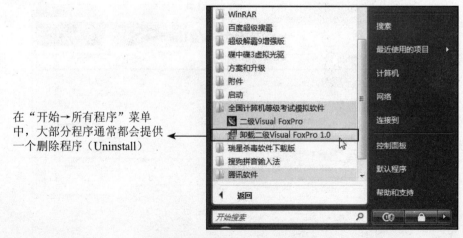

使用程序本身提供的方法删除程序

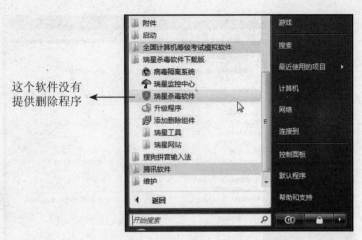

这个软件没有
提供删除程序

有些程序本身没有提供删除程序

操作1：启动"程序和功能"窗口

1. 依序执行"开始→控制面板"功能。
2. 在打开的"控制面板"窗口中，双击"程序和功能"图标。

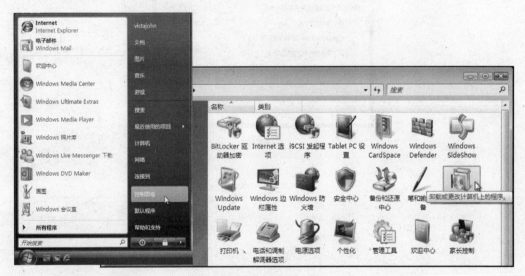

启动"控制面板"窗口

操作2：删除程序

1. 在准备删除的程序上，单击鼠标右键。
2. 执行"卸载/更改"功能。
3. 在提示窗口单击"确定卸载"按钮，稍等片刻程序即被删除完成。

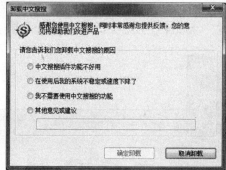

删除程序

系统备份与还原

第38章

尽管我们已经做好了种种安全防护措施，也严格按照规则来使用计算机了，可是要想绝对避免意外，似乎还是得靠些运气，这不太保险。当意外降临时，计算机中累积多时的工作数据、亲友的通信簿、女友的照片等都"随风飘逝"，那种欲哭无泪的感觉别提有多惨。然而，只要我们事先对数据做好备份的话，那可就万无一失了。

38.1 系统工具备份与还原

Windows Vista操作系统内置了系统备份与还原工具，利用它可以简单快速地完成系统备份和还原工作。

1. 设置还原点

在还原之前，我们得先对系统进行备份，即使用Windows Vista还原功能设置还原点。

1. 执行"开始→控制面板→维护→备份和还原中心"功能。

启动系统还原

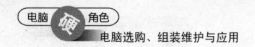

2. 单击"创建还原点或更改设置"选项。

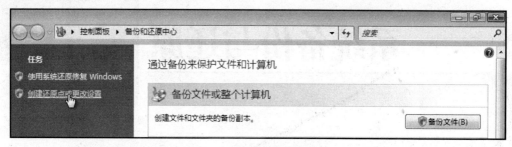

建立还原点

3. 在"系统保护"页面中选取要自动建立还原点的磁盘分区。
4. 单击"应用"按钮。

选取要自动建立还原点的磁盘分区

5. 单击"创建"按钮,手动建立一个还原点。
6. 输入还原点描述,然后单击"创建"按钮。

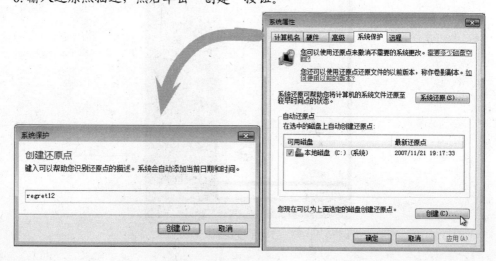

手动创建还原点

稍等一段时间，系统会提示还原点已经顺利建立。

还原点建立成功，单击"确定"按钮

2. 系统还原

设置了还原点，当系统出现问题时，我们就可以利用还原点来恢复系统，下面分别介绍自动系统还原与手动系统还原两种方法。

（1）自动系统还原

1. 在"备份及还原中心"窗口中单击"使用系统还原修复Windows"选项。

2. 在"系统还原"窗口中可以选择推荐的默认还原点，也可以选择其他还原点，然后单击"下一步"按钮。

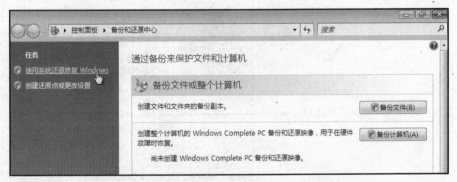

选择"使用系统还原修复Windows"选项

3. 在"系统还原"窗口中显示还原点的时间和描述，单击"完成"按钮。

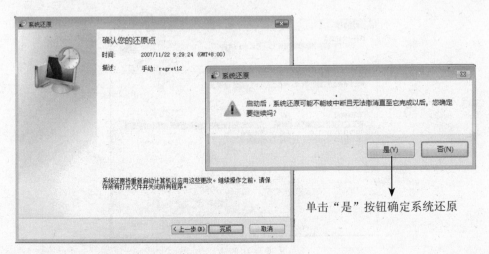

单击"是"按钮确定系统还原

（2）手动系统还原

1. 在"备份和还原中心"窗口中单击"使用系统还原修复Windows"选项。

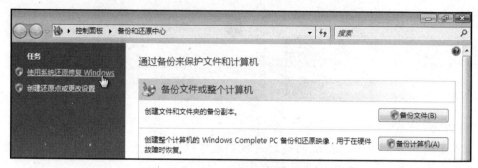

选择"使用系统还原修复Windows"选项

2. 在"系统还原"窗口中选择"选择另一还原点"选项，然后单击"下一步"按钮。

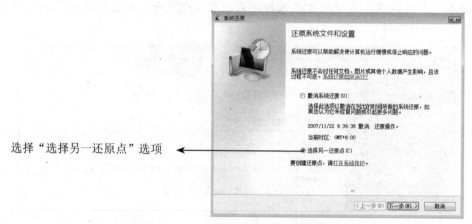

选择"选择另一还原点"选项 ←

3. 在"系统还原"窗口中选定还原点的日期和时间。

4. 单击"下一步"按钮。

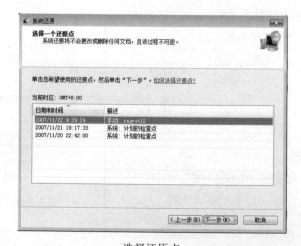

选择还原点

5. 单击 "完成" 按钮确认还原点。

6. 单击 "是" 按钮确定还原。

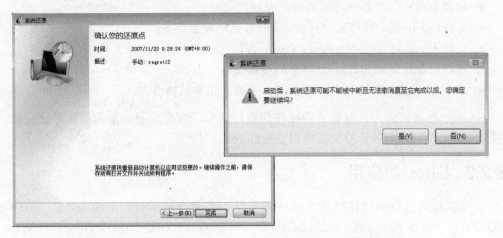

完成以上步骤后，系统将会重新启动，再次进入系统后开始还原系统。

这是在能正常进入操作系统时的系统还原方法。但是如果连系统都进不了的时候，又该如何进行系统还原呢？下面就以两种方法来分别说明。

● 进入安全模式

在刚刚系统启动后按F8键，在启动模式中选择 "安全模式"。进入安全模式之后也可以选择系统还原。

● 进入DOS模式

如果连 "安全模式" 也无法进入，就选择进入 "DOS的安全模式"，然后在提示符号后面输入： "C:\Windows\system32\restore\rstrui" 指令（假设Windows Vista系统是安装在C盘），这样就可以打开系统还原操作窗口。

38.2 Ghost备份与还原

一般情况下用户都可以直接利用Windows Vista系统内置的还原功能来恢复系统。但是这种还原需要能进入Windows Vista系统才行，而且备份与还原功能占用了大量的硬盘空间，频繁的磁盘读写还会拖慢系统的运行。若是系统损坏得比较严重，无法进入Windows Vista系统，Windows Vista内置的还原系统功能就无法使用了。这里向大家推荐一款鼎鼎有名的数据还原备份工具：Norton Ghost。

38.2.1 Ghost概述

Norton Ghost是美国著名软件公司 "SYMANTEC" 推出的硬盘复制工具，它把整个硬盘或者某些分区作映像文件保存，也可以将映像文件还原到硬盘中，恢复到备份前的状态。

Ghost堪称为专业的还原备份工具软件，其功能强大之处如下。

- 可以建立硬盘映像备份文件。
- 可以将备份数据恢复到原硬盘上。
- 磁盘备份可以在各种不同的储存系统间进行。
- 支持FAT16/32、NTFS、OS/2等多种分区的硬盘备份。
- 支持Windows XP、Windows Vista、NT、UNIX、Novell等系统下的硬盘备份。
- 可以将备份复制（clone）到别的硬盘上。
- 在复制（clone）过程中自动分区，并格式化目的硬盘。

Ghost的功能很强大，但是它的操作却相对简单，而且对硬件配备的要求比较低，只要能顺畅运行Windows的计算机都可以安装Ghost。

38.2.2 Ghost的应用

以光盘或软盘启动计算机进入纯DOS系统，在命令提示符号下输入"D：\GHOST\GHOST.EXE"后按下Enter键，激活Ghost程序（假设Ghost.EXE是放在D盘GHOST目录下）。

Ghost的启动界面

系统的备份与还原

操作1：系统备份

1. 在Ghost程序窗口中，执行"Local\Partition\ToImage"功能。
2. 选择源分区"Source Partition"，单击"OK"按钮。

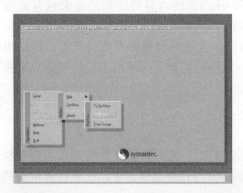
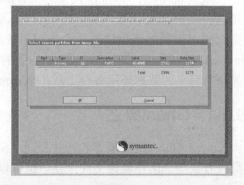

3. 选择映像文件保存位置，输入文件名，单击"Save"按钮后确定保存。

4. 单击"Yes"按钮，开始备份。

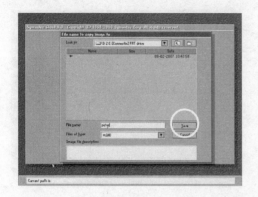 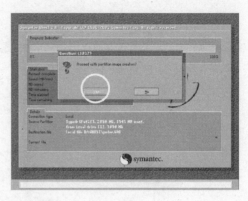

5. 单击"Fast"按钮。

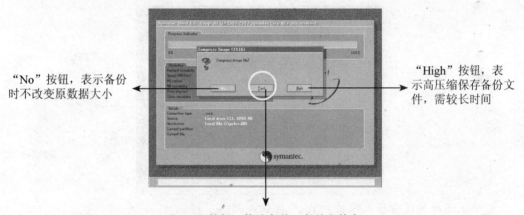

"No"按钮，表示备份时不改变原数据大小

"High"按钮，表示高压缩保存备份文件，需较长时间

"Fast"按钮，快速备份（备份文件有一定压缩率，但不高，建议选择这一项）

6. 成功建立备份文件，单击"Continue"按钮，确认返回Ghost程序窗口。
7. 单击"Quit"按钮，退出Ghost程序窗口。

 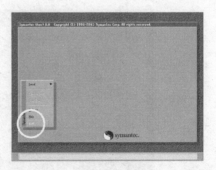

操作2：系统还原

1. 在Ghost程序窗口中，执行"Local\Partition\FromImage"功能。

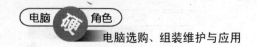

2.选择备份文件储存的路径，找到备份文件，单击"Open"按钮。

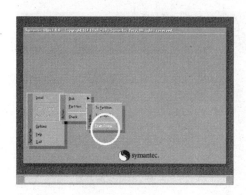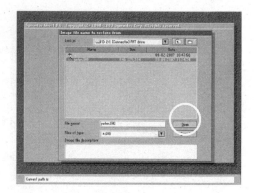

3.选择要还原的系统分区后，单击"OK"按钮。

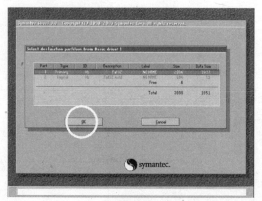

4.确认还原系统分区，单击"Yes"按钮。

正在进行还原

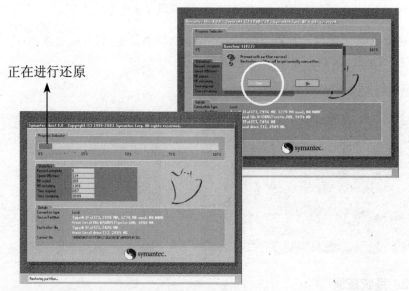

5.还原成功，单击"Reset Computer"按钮，重新启动系统。

在DOS系统下，没装鼠标驱动程序是不能用鼠标的，这个时候用户可以利用键盘上的方向键来移动光标，用"Tab"键来切换页面。

第39章

39 DIY大补丸

经过前面的学习，您的DIY知识已经很丰富了，这里介绍的东西也许尚不登大雅之堂，但多为DIY实践中的心得体会，对实际装机有着很重要的价值，故此在本书的最后一章为您献上这颗DIY大补丸。

39.1　产品附件CD有什么用处

购买计算机硬件时，一般都会附赠几张与产品相关的光盘。有些人认为小小的几张光盘没什么用处，第一次装完必须的驱动程序后就把它丢到一旁不再理了。其实它的用处还是挺大的，这一节我们就来介绍如何使用这些产品附件CD。

许多计算机产品附件CD中的内容很丰富，一般包含了重要的资料；当然不见得每一家都是如此，但你也要花点时间从CD里挖挖宝。

- 在不同操作系统下，各种版本的硬件驱动程序。
- 日常经常使用的一些实用软件或者多媒体设计素材等等。
- 有时产品附件CD还能给您带来一份惊喜，例如在CD中发现了一个您寻找多时都未能找到的应用软件。
- 随着市场竞争的愈来愈激烈，计算机硬件生产厂家为了吸引消费者的青睐，甚至会在产品附加CD里面加上一些正版的商业杀毒软件或者大型游戏。

当您要安装某产品的驱动程序，而计算机暂时无法连到互联网络，又没有备份好相关驱动程序数据的时候，产品附件CD就可以发挥作用了。

39.2　如何安装附件CD

知道产品附件CD的作用了吧？下面我们就以ASUS的Notebook附加CD为例，来看如何使用它。

进入Windows操作系统，把CD放进光驱，如果CD里面含有"Autorun"程序，就会自动弹出一个窗口。

附件CD里面会有很多有用的东西，例如很多必要的驱动程序或者修正程序等。缺少了这些您的计算机就算还能使用，也未必保证是最佳状态，这些程序如果到网上去找也会耗用您大量时间。

您可千万别小看附件CD，赶快把丢掉的CD找回来，或许您还会发现意外的小宝藏。

39.3 硬件购买清单比较

硬件购买前，最好先列出购买清单，下表则是一个简易的购买清单。

店名	日期	
硬件	产品名称	价格
CPU		
CPU风扇		
RAM		
主板		
显卡		
显示器		
光驱		
软驱		
声卡		
网卡		
机箱		
电源		
音箱		
键盘		
鼠标		
价格加总		

绘制清单后，还需要考虑以下一些因素。

1. 需要什么功能

这是优先考虑问题，除了CPU、主板、内存条等基本硬件之外，还需要什么功能？是否需要观赏DVD影片？刻录光盘吗？用ADSL上网吗？玩3D游戏吗？如果需要享受这些功能，那么相关的配备可是不能少，如DVD-RW、较好的3D显卡等。

2. 性能与价格比

许多不同品牌的产品都有同样的功能，但性能上却有所差别，这一点在CPU、显卡方面表现的特别明显。如不同的芯片组就会使显卡的性能有相当大的差别，这时就需要依据您的需求进行比较购买了。通常，先将符合需求的硬件填入清单，然后再依据性能进行调整，最终会比较出既符合性能价格比又符合需求的购买清单。

如果您依然很彷徨，感觉没有数据供参考，也可参考本书下面要分别介绍的3种不同

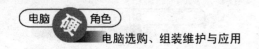

类型的配备，对比自己的需求，相信能够在其中找到一款符合您需求的配备。当然也可直接要求商家将你需要的配备列出作为参考。

39.3.1　经济实惠的主机配置清单

经济实惠型的主机配备，读者请先浏览下面的清单。

硬件	产品名称
CPU	AMD Athlon 64 X2 4000+ AM2处理器
CPU风扇	AMD用散热风扇
RAM	金士顿-1GB DDR2 667
主板	华硕-M2A-VM
显卡	内置ATI Radeon X1250绘图显示
显示器	ViewSonic VG1921WM 19英寸宽显示器液晶
硬盘	WD 160GB 3.5英寸SATA II硬盘
光驱	BenQ DW2010 20X DVD光盘刻录机
软驱	
声卡	内置
网卡	内置
机箱	ACBEL 350W 8cm风扇电源
电源	机箱附带
音箱	五行系列音箱一土
键盘	PS/2键盘
鼠标	PS/2鼠标

此款配备主要以价格为优先考虑，同时又兼具实用性与稳定性。下表说明了该清单的主要功能、适用环境以及适合的群体。

主要功能	运行常用办公软件、宽频上网、一般3D计算机游戏、看VCD影片、听MP3
适用环境	家庭、小型办公室
适合群体	学生、上班族、家庭主妇

这款计算机的配备即经济又实用选择了集成多功能的主板，不但保证能够听音乐、上网还省下了价格不菲的显卡的钱，真是很划算！

如果未来需要扩充，您可以增加一块内存条或独立的显卡，完全不用担心效率跟不上！

39.3.2　全功能主机配置清单

数据需要保存在硬盘中；游戏需要流畅的显示画面；显示器不能有辐射、LCD显示器要够大、反应时间要够快、对比度要够高、要有无亮点保证，如果用户有这些要求的话请看下面的配置清单。

硬件	产品名称
CPU	AMD Athlon 64 X2 6000+ AM2处理器
CPU风扇	CoolerMaster风神匠散Geminii CPU散热器
RAM	Ultimate亚特米1GB DDRII 800桌上型内存条x2
主板	微星MSI K9N Neo-F主板
显卡	旌宇GeForce 8600GT 256MB DDR2显卡
显示器	ViewSonic VG1921WM 19英寸宽显示器液晶
硬盘	Seagate 320GB 3.5英寸SATA2硬盘
光驱	BenQ DW2010 20X DVD光盘刻录机
软驱	
声卡	内置
网卡	内置
机箱	西华iCute影盘大帝四大七小计算机机箱
电源	蛇吞象响尾蛇420W电源
音箱	SoundMax 1500W三件式木质重低音音箱
键盘	A4双飞燕影音耳麦键盘KB-7215
鼠标	A4双飞燕滚轮鼠

性能价格比非常划算，适合资金较充裕并且要求功能齐全的用户。适合的环境、群体及主要功能如下表：

主要功能	DVD影片欣赏、刻录数据/音乐CD、图像处理、打报告、网络浏览、玩3D游戏、看VCD影片
适用环境	家庭、中小企业办公、学校教学、网吧
适合群体	学生、上班族、家庭主妇、银发族

这款配备清单价格划算，主机功能齐全、效率优越；音箱方面配备了1500W三件式木质重低音音箱。

其中2条1GB的内存条足够Vista操作系统和众多常用软件、游戏的要求，而320GB的SATA2硬盘储存数据与音乐也足够用了，具备刻录DVD和观看DVD功能的DVD刻录机也是备份数据的首选。

39.3.3 顶级配置游戏机清单

"我可是超级游戏狂人，前面的配备能够满足我的需求吗？"如果您带着这种疑问，笔者建议您参考下面的配备清单。

硬件	产品名称
CPU	Intel Core 2 Quad Q6600四核心处理器
CPU 风扇	CoolerMaster 风神匠散Geminii CPU 散热器
RAM	Ultimate 亚特米1GB DDRII 800 桌上型内存条x4
主板	技嘉GIGABYTE GA-G33M-DS2R主板
显卡	微星MSI NX8600GTS-T2D256EZ-HD显卡
显示器	Samsung 932GW 19英寸DVI宽显示器
硬盘	WD 500GB 3.5英寸SATA 2硬盘
光驱	BenQ DW2010 20X DVD光雕刻录机
软驱	
声卡	内置
网卡	内置
机箱	ENlight英志4109计算机机箱
电源	海韵S12II 500W电源
音箱	BARY 5.1声道多媒体音箱
键盘与鼠标	罗技无影手WAVE无线鼠标键盘组

如果用户总是觉得计算机太慢，3D游戏不够流畅，那么这台计算机绝对适合您！以下为适合的环境、群体及主要功能列表。

主要功能	游戏、音乐光盘备份、家庭电影院、DV转文件、高质量3D游戏、文件处理、网络游戏对战、图像编辑、VCD/DVD制作…
适用环境	家庭、中小企业办公、学校教学、网吧、SOHO
适合群体	学生、上班族、网吧族、计算机玩家、SOHO

直接跳过双核，进入Intel Core 2 Quad Q6600四核心处理器，超快的CPU搭配高性能的3D显卡与其他外接设备，无论您要玩目前的何种游戏都能够流畅的运行，光盘备份、图像处理、DV影片编辑等更不在话下。

SATA2大容量的硬盘，不但能够保证文件数据等有足够的储存空间，同时占用磁盘空间较大的音乐、电影、游戏、软件等全部都能装的下。

高性能的3D图形加速卡能够得到更好的影音享受，音箱和声卡这里并没有给出，这部分的搭配因人而异，目前计算机还无法提供专业级的音响，为了玩游戏或看看DVD，5.1或者7.1声道的组合都可以考虑。

选择无线多媒体键盘，操控计算机更方便。

DVD刻录机通吃DVD±R/RW，可将大容量的DVD影片或其他文件刻录成DVD保存。

计算机产品更新换代只在一夕之间，价格波动也大，因此以上产品仅能作为您的参考，但万变不离其宗，你在看到此书后，一定能买到更便宜、更棒的计算机。另外就是Intel的CPU是比AMD贵许多的，若是打算节省一些可考虑换掉CPU，但是主板也必须要换成能支持AMD CPU的才行。

39.4 计算机外接设备概览

随着计算机的不断更新换代，计算机外接设备的种类也越来越多，性能也越来越好。目前市场上常见的外接设备有：U盘、数码相机、打印机、无线网卡等等。在下面的章节中就为大家分别介绍这些常见的外接设备产品。

39.4.1 U盘/移动硬盘

多媒体技术和互联网络的普及，使得计算机用户的数据交换量越来越大，传统的移动储存工具——1.44MB软盘已经跟不上潮流，正在从历史的舞台中慢慢消失，大容量的储存设备已经成为当今的主流。USB盘和移动硬盘就是不错的储存工具。

1. USB盘

USB随身盘小巧轻便，容量大（目前市场上容量主要在512MB~16GB之间），采用USB 2.0接口，最高传输速率理论上可达480Mbps。

容量1~2GB的U盘将是每一家厂家的基本产品。目前市场上的主流USB优盘生产商有：TECLAST、SONY、朗科、创见信息、劲永等等。

2. 移动硬盘

相对于MB（Meba Byte）级的USB随身盘而言，移动硬盘的容量要大很多，是属于G（Giga Byte）级的大容量储存设备。移动硬盘是以标准的笔记本电脑硬盘为基础的，接口上主要分为：USB 2.0（传输速率达480Mbps/s）和IEEE 1394（最高传输速率为400Mbps/s）和代表着领先技术的SATA2（最高传输速率为3000Mbps/s）。总体特色可以概括为：大容量、高速度、轻巧便捷、安全易用。

目前移动硬盘的主流产品为2.5英寸的移动硬盘，由于易携带而受到市场的欢迎。但是由于尺寸的限制，使得它的容量低于固定硬盘，但企业级的移动硬盘目前已经有几TB的产品。随着应用范围的不断拓展"海量储存"成了移动硬盘发展的方向。市场上的主流移动硬盘生产厂家有：IBM、BUSLink、PC-Tech、Zoltix、BenQ等等。

39.4.2 数码相机与储存装置

随着数字技术的不断发展、成熟越来越多的个人用户开始接触和使用数码相机。但是数码相机跟一般的相比内部结构精密，同时价格也较昂贵。这就要求我们在购买的时

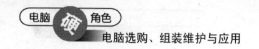

候要谨慎选择，小心使用。

1. 数码相机的结构

数码相机能够把拍摄的景像，通过自身内部的处理转换成数字格式进行存储。它不需要进行复杂的暗房作业，就可以非常方便地由相机本身的液晶显示屏或由电视机、个人计算机再现为摄图像，也可以通过打印机完成打印输出。与传统摄影技术相比，数码相机大大简化了图像再现加工的过程，可以更快捷、简便地显示拍摄画面。

（1）感光组件

数码相机的核心是感光组件，它主要使用两大类：

● 电荷耦合器件CCD;
● 互补金属氧化物半导体器件CMOS。

CCD是由众多的微小光电二极管及译码寻址电路构成的固态电子感光成像组件；而CMOS组件具有实时读取能力、优良的集成性能（容易与A/D转换电路、数字信息处理电路等集成一起）、较低的功率消耗和工作电压等优点。

（2）镜头

镜头是数码相机的一个很重要组件。镜头的好坏直接影响到图像质量。

一般比较有名气的相机制造公司（如：蔡司、尼康、奥林巴斯、富士和Minolta）所制造的镜头质量都很好。

（3）快门

数码相机的另一个重要组件就是快门。不同型号的数码相机的快门速度是完全不同的。在使用某个型号的数码相机拍摄景物时，我们要先了解其快门的速度，并且掌握好快门的释放时机，才能捕捉到生动活泼的画面。普通数码相机的快门一般都在1/1000秒之内，基本上可以应付日常大多数的拍摄。

（4）电池

电池是数码相机的动力能源，相机和闪光灯用的电池主要有：碱性电池、氧化银钮扣电池、二氧化锂锰电池、镍镉电池4种。

购买时电池时，我们是以其使用时间的长短、价钱的高低作为参考标准。锂离子电池和锂电子的技术状况、性能都比较好，只是价格略高一些，使用起来也比较讲究，尤其是锂离子电池的充电器不能与其他电池的充电器兼容。再看碱性锌锰电池，虽然单价低，消费者买得起，但寿命短，长期使用让普通消费者也难以承担费用。相比之下镍镉电池目前在制造技术上较成熟，价格也较合理。

感光组件、镜头、快门、电池是数码相机的重要组件，也是衡量一个数码相机的重要元素，同时也是衡量质量高低的标准。

2. 成像质量

数码相机的成像质量，除镜头质量外，更多取决于成像芯片的像素（pixel）高低。像素数目越多，像素水准就越高，图像的分辨率也就越高，被摄画面表现得也就越清晰、细腻和层次分明。

低文件数码相机像素一般只有几百万；中高文件数码相机的像素水准较高，像素大都在千万左右。当然，像素水准和分辨率越高，成像质量也就越好，相机的文件次与价位也就越高。

选购数码相机时在经济允许的情况下，分辨率越高当然越好。一般来说，如果拍摄图片是用于在计算机显示器上显示或应用在网页上，那么选择几百万像素的经济实用型相机就可以了；如果想输出图像并且要求照片相对清晰、逼真的话，就应选择中级以上分辨率（800万像素以上）相机；而专业摄影师或编辑记者，对图片质量要求较高，则应选择高分辨率的相机（如千万像素以上的机型）。

3. 存储卡

数码相机只是一个摄影的平台，拍摄的照片要保存下来还要用到储存介质。数码相机本身的储存容量一般在几百MB到1GB之间，如果是在家附近拍摄的话是够用了，但要是去旅游的话就显得太少。这时可以另外购买存储卡，通过储存卡转接器连到数码相机上就可以拓展数码相机的储存容量。

CompactFlash存储卡

mini SD存储卡

Memory Stick存储卡

SD存储卡

Memory Stick Duo存储卡

XD存储卡

MMC存储卡

4. 存储卡硬盘

相机族最困扰的问题莫过于外出拍照时存储卡不足，陷入巧妇难为无米之炊的窘境。因此移动备份方案乃是加强相机玩家装备的重要火力之一。市面上有许多此类的存储卡产品，但能兼具超长电力及高速传输两大特色的产品则相当罕见。

一般存储卡皆为图形化界面，具有OLED液晶显示器，可显示相片内容、硬盘剩余容量、目前插入存储卡格式、存储卡内已使用容量、已完成备份百分比以及剩余电力，可以随时掌握使用状况，并且提供超大储存空间，不需连接计算机，即可将存储卡中数据复制于硬盘中储存。

存储卡

39.4.3 打印机

打印机是办公室的必用设备之一。主要有喷墨式打印机、激光印表机、多功能机这三种。

1. 喷墨式打印机

喷墨式打印机是以喷嘴向纸张喷墨的方式打印。喷嘴喷墨的方式有2种。

- 气泡式（或称加热式）：利用热组件在墨水舱中产生气泡造成压力，将墨水从喷嘴喷出，然后气泡消退，再加热形成气泡再喷出另一墨点。
- 多层压电技术：由墨水舱下的多层压电组件振动产生压力，使墨水喷出。

喷墨打印机打印的质量除了看分辨率高低外，纸张的种类也是重要的因素，纸张质量太差会出现毛边或使墨水散开。由于墨盒价格普遍偏高，所以打印的耗材成本较高。优点在于这种打印机的技术已成熟，且机器本身价格低、种类多，是家用打印机的主要选择。目前市场上的主要生产商有HP、Epson、Canon等等。

2. 激光打印机

激光打印机以热感应的原理打印，计算机将数据输入到打印机后，印表机就开始解译数据信号，然后驱动激光引擎，而激光引擎就利用光电静电效应将碳粉吸附在感光鼓上，完成显影动作。这时纸张处理机械构造部分会开始抓纸进入引擎，在引擎内经过最后的加热加压手续，牢牢的将碳粉转印在纸上完成打印。

激光打印机具有打印速度快、分辨率高、列印质量高等优点。目前彩色激光打印机的价格已逐渐大众化，许多中小企业与玩家也已开始考虑采用。

目前市场上还有一种复合式打印机，它除了具有一般打印机的功能外，还有扫描、传真等功能。

3. 多功能机

多功能机集打印、传真、扫描、相片打印四项专业功能于一体，是SOHO族或小型企业提高工作效率、节省成本的最佳利器。相片打印是多功能事务机主要的功能之一，效果也比普通的打印机出色。数码相机拍出来的照片就可以通过电脑进行处理，然后再使用与计算机连接的多功能机把图像打印出来。

39.4.4　无线网卡

无线产品是IT界的一个热门话题，无线网络技术正在帮我们摆脱电脑"尾巴"的束缚，改变我们的工作与生活方式。

笔记本电脑的出现已经实现了移动办公室的梦想，而无线网卡将会使笔记本电脑如虎添翼，只要携带一台内置无线网卡的笔记本电脑，就可以在家或提供无线上网服务的公共场所漫游网络世界，例如饭店、机场、餐厅、快餐店、咖啡厅等。

将无线网卡运用在我们的计算机上，就可以让办公环境更清洁，不用再看到令人心烦有如蜘蛛网似的网线，同时又可以大大地减轻布线的负担。

以往无线网络的缺点在于不同厂家提供的无线网卡网络服务设置的方式大不同，但如今享受无线上网的方法就简单多了。另外在使用无线网络时要特别注意的就是安全问题，因此在使用了没有加密的不安全无线网络时，要特别注意个人计算机的安全防护措施。

介绍完常见的计算机周边产品，下面接着认识计算机中需要安装的常用软件，初次接触计算机的新手将更加了解计算机软件应用的知识。

39.5　计算机中常需要安装哪些软件

取得软件一般有两种途径：一种是从网络上下载；另一种是用钱购买正版软件安装光盘。软件有著作权的保护，如果没有产权所有人的同意或授权，不得任意使用。因此，我们在使用软件的过程中应该尊重知识产权，同时也避免触犯法律。

39.5.1　常用软件分类

一般情况下，用钱合法购买的正版软件（即商业版软件）都不会产生什么纠纷，但网络上的软件，由于网络传播的自由性却经常会发生侵权行为。下面我们就重点说说网络上的软件。

网络上的软件一般可以分为3大类。

- 免费软件（Freeware）
- 共享软件（Shareware）
- 试用版软件（Trial Software）

在世界上的各个角落，有许多计算机设计能力强的程序人员，或是有理想但是并不富裕的年轻人，他们把自己的构想写成程序然后在网络上流传，利用网络的流通性省下许多营销费用，因此形成我们在网络上常见到的免费软件（Freeware）与共享软件（Shareware）。

免费软件完全开放所有功能给用户，但仅限于个人或非商业盈利使用，且不得修改与贩卖。

共享软件是基于信息公开与共享交流所提供的工具软件，通常会有使用时间或功能上的限制。在试用期满时会请用户付费或是从计算机中移除；不付钱无法继续使用。

而试用版则是软件设计公司的一种促销方法，它们在网络上发布一个正式版软件的简化版，并且给该软件加上使用日期、次数或是使用功能上的限制。如果用户对该软件产生兴趣，可以下载试用版试用。觉得满意的话，再去购买功能更齐全的正式版软件。

除此之外还有一种自由软件，它有版权，但是作者或是版权所属组织开放该软件的原始码，用户可以根据自己的需要自由使用、复制、研究、修改、散布和再利用该软件，甚至可用于商业目的。

另外根据软件的性质来分，可以分为系统软件和应用软件两大类。除了一般我们常看到的Ms-Dos，Windows等是属于系统软件外，其他的软件都可以称为应用软件。应用软件根据使用角度不同又可以细分为以下8种。

- 计算机辅助教学软件
- 防毒防黑软件
- 网络应用软件
- 多媒体设计软件
- 办公软件
- 游戏娱乐软件
- 系统优化软件
- 其他软件

知道了软件的分类，接着为大家介绍一些计算机常用到的软件。

1. 免费软件（Freeware）

- Adobe Acrobat Reader：PDF文件阅读程序。
- Windows Messenger：在线实时通信软件。
- Maxthon、Mozilla Firefox：一种功能强大的浏览器。
- Gifworks：免费的在线编辑图片软件（Http://www.gifworks.com/）。
- Nullsoft Winamp、iTunes：MP3等音乐播放软件。
- Windows Media Player：多媒体播放器。
- Virtual CloneDrive：Elaborate Bytes公司出品的免费DVD光驱软件。

2. 共享软件（Shareware）

- ACDSee：功能相当强大的图片浏览、编辑软件。
- GetRight：文件续传软件。
- Nero：光驱刻录软件。
- Winzip：文件压缩软件。
- 影视传送带（NetTransport）：是一个快速稳定功能强大的下载工具，支持

HTTP、FTP和MMS可下载各种文件和串流介质。

3. 商业软件（Commercial Software）

商业软件种类繁多，用户在购买前可先测试该软件的试用版，考虑是否符合自己的实际需要，以免造成金钱浪费。生活中比较常用到的商业软件如下。

- Microsoft Office：文字处理办公软件，是文件、电子表格、数据库、演示文稿、网页编辑设计等多种软件的组合。
- Norton System Works：集成了Norton旗下各个主打产品，如：Utility工具程序，AntiVirus防毒程序，CleanSweep硬盘整理程序等。
- Roxio GoBack：一套系统实时备份/还原的应用软件，操作简单且功能强大。
- Norton Ghost：系统复制、备份和还原的工具。
- PC-Cillin：趋势科技研发的杀毒软件。

39.5.2 常用软件下载与安装

上一节介绍了常用软件的种类，下面我们就接着介绍常用软件的下载和安装设置。

1. 软件的选择

在计算机使用过程中，并不是软件装得越多越好，因为每一种软件或多或少都会占用系统资源，甚至有的软件之间会相互冲突。比如杀毒软件，俗话说一山不容二虎，如果同时装了两个不同公司出的杀毒软件，操作系统就会变得慢如蜗牛，经常出现些莫名其妙的问题。所以我们应该根据自己的需要选择最合适的软件。

那么该如何选择呢？我们在选择一个软件之前可以问问自己以下问题。

- 它的功能能否满足自己的需要？要多少钱？
- 有没有能满足自己需要而更便宜的软件？
- 自己的计算机配置能不能满足该软件的最低硬件要求？

知道这些问题，您想要的软件也就差不多可以决定了。

2. 如何下载

当你确定要安装某种软件后，就可以到网络上去下载。在下载之前，计算机上最好先安装下载专用软件，比如：Flashget（网际快车）、NetTransport（影视传送带）和NetAnts（网络蚂蚁）。以上这三种下载软件的下载功能都非常强大，性能也差不多，用户可以根据自己的喜好自行选择使用哪一种。

安装好下载软件后，我们接着就开始在网络上搜寻自己需要的软件。这时有两种方法进行搜寻，一是利用专业搜寻网站，例如www. google.com；二是在专门的软件下载网站分门别类地寻找。

3. 软件安装

软件下载后就要来进行安装。在计算机中找到刚才所下载的程序，执行其安装文件即可开始安装，而后面的步骤只要依照软件的提示，一步一步做下去就可以了。